青少年心理自助文库

励志丛书

内疚

东风无力百花残

孙丁丁/著

如果一个人的一生都是在忏悔和内疚中度过，那么这一生将会是失败的。

中国出版集团 现代出版社

图书在版编目(CIP)数据

内疚:东风无力百花残 / 孙丁丁著. —北京 : 现代出版社, 2013.11
(2021.3 重印)

(青少年心理自助文库)

ISBN 978-7-5143-1854-8

Ⅰ. ①内… Ⅱ. ①孙… Ⅲ. ①人生哲学 - 青年读物
②人生哲学 - 少年读物 Ⅳ. ①B821 - 49

中国版本图书馆 CIP 数据核字(2013)第 273484 号

作　　者	孙丁丁
责任编辑	刘　刚
出版发行	现代出版社
通讯地址	北京市安定门外安华里 504 号
邮政编码	100011
电　　话	010 - 64267325 64245264(传真)
网　　址	www. 1980xd. com
电子邮箱	xiandai@ cnpitc. com. cn
印　　刷	河北飞鸿印刷有限责任公司
开　　本	710mm × 1000mm　1/16
印　　张	12
版　　次	2013 年 11 月第 1 版　2021 年 3 月第 3 次印刷
书　　号	ISBN 978-7-5143-1854-8
定　　价	39. 80 元

前言
PREFACE

为什么当今的青少年拥有丰富的物质生活却依然不感到幸福、不感到快乐？怎样才能彻底摆脱日复一日地身心疲惫？怎样才能活得更真实更快乐？越是在喧嚣和困惑的环境中无所适从，我们越觉得快乐和宁静是何等的难能可贵。其实“心安处即自由乡”，善于调节内心是一种拯救自我的能力。当我们能够对自我有清醒的认识，对他人能宽容友善，对生活无限热爱的时候，一个拥有强大的心灵力量的你将会更加自信而乐观地面对一切。

青少年是国家的未来和希望。对于青少年的心理健康教育，直接关系到其未来能否健康成长，承担建设和谐社会的重任。作为学校、社会、家庭，不仅要重视文化专业知识的教育，还要注重培养青少年健康的心态和良好的心理素质，从改进教育方法上来真正关心、爱护和尊重青少年。如何正确引导青少年走向健康的心理状态，是家庭，学校和社会的共同责任。心理自助能够帮助青少年解决心理问题、获得自我成长，最重要之处在于它能够激发青少年自觉进行自我探索的精神取向。自我探索是对自身的心理状态、思维方式、情绪反应和性格能力等方面的深入觉察。很多科学研究发现，这种觉察和了解本身对于心理问题就具有治疗的作用。此外，通过自我探索，青少年能够看到自己的问题所在，明确在哪些方面需要改善，从而“对症下药”。

如果说血脉是人的生理生命支持系统的话，那么人脉则是人的社会生命支持系统。常言道“一个篱笆三个桩，一个好汉三个帮”，“一人成木，二人成林，三人成森林”，都是这样说，要想做成大事，必定要有做成大事的人脉网络和人脉支持系统。我们的祖先创造了“人”这个字，可以说是世界上最伟大的发明，是对人类最杰出的贡献。一撇一捺两个独立的个体，相互支撑、相互依存、相互帮助，构成了一个大写的“人”，“人”字的象形构成，完美地诠释了人的生命意义所在。

人在这个社会上都具有社会性和群体性，“物以类聚，人以群分”就是最好的诠释。每个人都生活在这个世界上，没有人能够独立于世界之外，因此，人自打生下来，身后就有着一张无形的，属于自己的人脉关系网，而随着年龄的增长，这张网也不断地变化着，并且时时刻刻都在发生着变化：一出生，我们身边有亲戚，这就有了家族里面的关系网；一上学，学校里面的纯洁友情，师生情，这样也有了师生之间的关系；参加工作了，有了同事，有了老板，这样也就有产生了单位里的人际关系；除了这些关系之外，还有很多关系：社会上的朋友，一起合作的伙伴……

很多人很多时候觉得自己身边没有朋友，觉得自己势单力薄，还有在最需要帮助的时候，孤立无援，身边没有得力的朋友来搭救自己。这就是没有好好地利用身边的人脉关系。只要你学会了怎么去处理身边的人脉关系，你就会如鱼得水，活得潇洒。

本丛书从心理问题的普遍性着手，分别论述了性格、情绪、压力、意志、人际交往、异常行为等方面容易出现的一些心理问题，并提出了具体实用的应对策略，以帮助青少年读者驱散心灵阴霾，科学调适身心，实现心理自助。

本丛书是你化解烦恼的心灵修养课，可以给你增加快乐的心理自助术。会让你认识到：掌控心理，方能掌控世界；改变自己，才能改变一切。只有实现积极的心理自助，才能收获快乐的人生。

目　录
CONTENTS

第一篇　把自己请进生活

第二篇　保持你的热情

第三篇　有另一种生活在进行

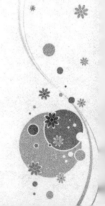

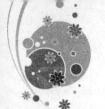

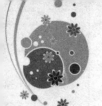

第一篇 把自己请进生活

大地从不埋怨狂风暴雨的肆意侵袭，它会敞开自己博大的胸怀去容纳，吸收。它感激，因为有了狂风暴雨，才让自己学会宽容；太阳从不抱怨层层障碍将其光线阻挡，它会不懈地将其传送给大地万物，直到有一天最后一丝能量耗尽。它感激，因为有了大地万物，才让自己学会坚强。白云从不向天空承诺去留，却始终相伴。风景从不向眼睛说出永恒，却永远美丽。在心中把守候留给真诚，知道永不停歇的脚步是实在的。跨过今天，留下汗水，请你珍藏永远的奋斗不息的身影。相信自己，走过每一步的路程都会有所收获。

认识自己的内疚感

内疚，就是个体认为自己对实际的或者想象的罪行或过失负有责任，而产生的强烈的不安、羞愧和负罪的情绪体验。内疚者往往有良心和道德上的自我谴责，并试图做出努力，来弥补自己的过失。健康的内疚感是心灵的"报警器"，是人类"良心"情绪的内核，会提醒人们照顾他人的利益和感受，调整人际关系，有利于个体适应社会生活；过少或者过多的内疚感都是不健康的，特别是过多的内疚感是心灵的"毒药"，会使人长期生活在压力、紧张和痛苦中，这样不利于身心健康。

确切地说，每一个人都会有内疚，有时候，这种内疚能将你击败，它们有一种压垮人意志的力量，因为你的一部分精力放在不断地思考它们上，内疚感开始在你做任一件事的时候突然冒出来，你是否随时感到胃部一阵阵紧缩感，而且无法摆脱？

认识内疚感：

自我的惩罚——所有的内疚都是自我惩罚并且产生于我们的头脑。它是一种我们自己选择经历的感受，这种感受扎根于自我，是不能与我们的社会阶层相匹配的担忧。

开放的事件——内疚通常都源于那些无法完全讲述清楚的事情。如果你做好解决这些事件的计划，内疚感就会减轻或者减少。

负债感——许多时候，我们因生活中的负债而感到内疚，无论这种负债是社会责任、货币债务，还是未履行的职责。有时，因为没有完成任务而感到对其他人有所亏欠。

心灵上的安宁平和是每个人所渴求的，但当你做错事、感觉对不起别人，内心受到谴责的时候，你是选择逃避、压抑，还是寻求灵魂解脱的方法？

我们常说良心不安，"良心"到底是什么？其实它最简单的含义就是一种担心被发现的恐惧。说白了就是内心的恐惧，不过程度不同而已，懂得选择正确的方式解脱才是最好的办法。

其实,每个人需要做的第一件事就是,承认自己的不完美,学会原谅自己。诚然,有很强的上进心,时刻自省感到内疚是件好事,但要知道,你没有能力把每件事都做得比别人好,这不是一种过错。

在法国著名思想家、文学家卢梭的《忏悔录》中,记录着这样一件事:卢梭小时候,家里很穷,为求生计,只好到一个伯爵家去当小用人。伯爵家的一个侍女有条漂亮的小丝带,很讨人喜爱。一天,卢梭趁没人的时候,从侍女床头拿走小丝带,跑到院里玩赏起来。正在这时候,有个仆人从他身后走过,发现了卢梭手中的小丝带,立刻报告了伯爵。伯爵大为恼火,就把卢梭叫到身旁,厉声追问起来。卢梭紧张极了,心想,如果承认丝带是自己拿的,那他一定会被辞退。以后再找工作,可就更难了。他结巴了好大一会儿,最后竟撒了个谎,说丝带是小厨娘玛丽永偷给他的。伯爵半信半疑,就让玛丽永过来对质。善良、老实的玛丽永一听这事,脑瓜子顿时懵了,一边流泪,一边说:“不是我,绝不是我!”可卢梭呢?却死死咬住了玛丽永,并把事情的所谓“经过”编造得有鼻子有眼。这下子,伯爵更恼火了,索性将卢梭和玛丽永同时辞退了。当两人离开伯爵家时,一位长者意味深长地说:“你们之中必有一个是无辜的,说谎的人一定会受到良心的惩罚!”果然,这件事给卢梭带来终身的痛苦。四十年后,他在本人的自传《忏悔录》中坦白说:“这种沉重的负担一直压在我的良心上……促使我决心撰写这部忏悔录。”“这种残酷的回忆,常常使我苦恼,在我苦恼得睡不着的时候,便看到这个可怜的姑娘前来谴责我的罪行……”

心灵悄悄话
XIN LING QIAO QIAO HUA

内疚感是因为人们都太追求完美,希望把每件事都做好,但事实上这是不可能的,所以稍有差池,或和自己预想达到的目标相悖,就开始自我否定,心理上随之产生负罪感,觉得非常内疚。

不要被内疚感击倒

内疚是一种非常微妙的感觉，它自发地产生，而又常常十分强烈地影响着你的情绪，有时甚至影响你的一生，改变你的生活。应该说，会内疚的人是有良知的人，是会内省会约束自己的人。在人生的道路上，内疚往往起着修正或矫正人们前进路线的作用。

十多年前，有一个人到一个小镇去。在那个小镇里唯一的百货商店里，他看到一个男人带着一男一女两个孩子在店里买鞋。男孩十岁左右，女孩十三四岁的样子。男孩很快挑到了一双男鞋。女孩呢，看了一会女鞋后目光又落在男鞋上，她也挑了一双男鞋。做父亲的问她为什么挑男鞋，她说家里穷，男鞋以后还可以留给弟弟穿。女鞋比男鞋贵一点，可也只贵一块多钱。这位父亲一听就心疼得要掉泪，多懂事的孩子！他不想给女儿留下遗憾，便毫不犹豫地说："孩子，爸再穷也要让你穿鞋到乡里上学啊！"听了父亲的话，女孩放下男鞋，欢天喜地地挑起女鞋来，可是挑了一会，她还是放下了女鞋，重新拣了那双男鞋，让父亲给她付钱。父亲含着泪付了钱，带着孩子走了。店里服务员告诉朋友，那女孩学习成绩很好，考上了乡里的中学，在家读书时，女孩从来没穿过鞋，做代课教师的父亲工资很少，但他总不能眼睁睁地看着女儿赤着脚到乡里上学吧？于是带着孩子来乡里买鞋。

离开商店后，这个人就一直在后悔，后悔自己为什么没有给女孩买下那双鞋，为什么就不能让女孩满足那穿上漂亮女鞋的小小心愿呢？那双女鞋只要三块多钱，只相当于他当时一天的补助。他竟然会漠视着眼前的一切！那父亲含泪付钱的情形一天比一天清晰地压在他的心头，他为自己当时的冷漠深深地内疚着，这份内疚在他心里长了十多年了，每每想起来他就要狠狠地自责一番。

其实，女孩和女孩的父亲一定没有产生过要别人代买鞋子的念头，他们也根本不会知道有人会因此而难过、内疚那么多年。

而这个人却一直内疚着，他不能原谅自己当时的冷漠。十多年后说到此事时他仍然心情十分沉重。我们能够理解他的那份自责。其实他是个非常善良的人，其实谁都不会觉得他有责任去买那双鞋。

人就是这样，有些人做一辈子坏事都不觉得自己有错，而有些人有一点小小的过失却永远不能原谅自己。这个世界，如果要分好人和坏人的话，良知就是一杆秤。

生命中，内疚和悲哀有时会把我们引向绝望。但不必退缩，我们可以爬起来，重新开始！

也许，你被迫离开了一个使你的生存有价值的工作；

也许，你做了错事，而被内疚的包袱压得喘不过气来。

……

我们中间有哪一位能不被内疚和忧患击倒而到达生命的终点呢？

最糟的事情莫过于当这些危机来临时，找不到一个摆脱的办法。我们有种种逃避的方法——饮酒、操起毫无意义的嗜好，或者干脆没精打采地转悠以消磨时光。

我们必须使劲站起来重新开步走。因为我们身体中的每一个细胞都是为了在生命中奋斗而安排的。生命是一支越燃越亮的蜡烛，是一份来自上帝的礼物，是一笔留给后代的遗产。

怎样学会站起来重新走？怎样战胜内疚、忧伤、失败带来的疲惫而热爱生活？怎样坚持到光明重新来临？怎样才能到达那个时刻——在绝望中仍能够说："也许，我能再试一次？"

心灵悄悄话

XIN LING QIAO QIAO HUA

在社会上待久了，为了生存，在路上落下了很多东西，回头看看自己走过的路，都把什么拉下了，现在捡起来还不晚。

摆脱内疚的良方

绝大部分的人都会有这样的经历，因为各种原因做错了事或错过了机会、或有意无意伤害了别人，而懊悔内疚不已。适度的追悔是人之常情，也是有良知的一种表现。但如果总是沉浸在这样的情绪里，则会演变为一种病态，进而影响自己正常的生活。

那么怎样才能从悔恨的情结中走出来，开始一种新的生活呢？

第一，将内疚悔恨与吸取经验教训区别开来。不管你造成了多么大的损失，你都不得不承认过去的事没有办法回头，内疚悔恨既不能改变往事，也无法使你前行。

第二，不妨问问自己：有什么是你因为过去而害怕碰触的？如果你再次面对它，所产生的后果真的有你想象的那么严重吗？为什么不再试一次呢？

第三，从现在起开始接受自己所选择的、别人未必赞许的某些事情，而不必因自己的行为受到反对而内疚悔恨。

第四，重新审视你全部的价值观念。仔细分析哪些价值观念是你所信奉的，哪些是你仅仅在口头上标榜的？列出那些虚假的价值观念，在不伤害他人的前提下，尽力依照自己的道德标准做事。

第五，客观分析自己行为的各种后果，不要仅凭直觉判断生活中的是非，判断的标准应当以自己精神是否愉快作为选择标准。

不管我们认为外部环境是什么样的，真实的内疚感的原因在于我们自己，我们有精力去选择我们应该关注的，但我们通常本能地做出反应，忘记了应该控制我们的视角；同时，我们又无意识地把精力放在了内疚感上，让这种内疚感意外地进入到我们的内心世界中，这样我们就被自己的本能反应弄得停止脚步，把关注自身的内心世界来作为我们的反应。通过练习和理智的思考，我们是可以弥补本能反应所带来的负面作用的，同时完全消除我们的内疚感。

更多的潜在问题:这些已经被注意到的导致内疚的问题只是表面问题,严重的是仍然有许多未解决的问题或者其他的意图存在于表象之下未被表达。问问你自己——这些问题是什么?仅仅专注于解决表面问题,内疚感似乎消失了,但它还会卷土重来,或以另一种形式再次浮出来,其实质仍然是同样的问题。

最好的策略是不要掩盖潜在的问题。比如,我们因为没有参加一次聚会而感到内疚,尤其是朋友们都期盼我出现的时候,实质的问题是:"我希望被我的朋友们喜欢和接受,我害怕因为我没有参加这个聚会他们就不再喜欢我,我需要他们的友谊来证明自己"。

这个时候,解决这一潜在问题的一种方法是:找到认识和证明自我的方法而不是依靠别人来证明自己,学习构建自信和自我欣赏。

心灵悄悄话
XIN LING QIAO QIAO HUA

如果做错了事,要么勇于承担责任,坦然地获得心灵的平静;要么一生不安。懦弱的人或许会选择第二种,但要知道,一辈子接受良心的谴责同样需要很大的勇气,既然如此,何不勇敢地承担责任呢?

不要让自己成为生活的受害者

她在一家大公司销售部做文员。销售部经理是个欺上瞒下的“老油条”。工作中，她得罪了经理好几次。在她看来，这没有什么，大家一心为公，有分歧也应该对事不对人。再说，那么大的一个领导，犯得着和她这样的小人物较劲吗？她很快就把这些事情忘了。一天，几个气势汹汹的保安把她的抽屉翻了个底朝天，从她的私人物品里翻出几件公物。毫无疑问，这是栽赃。大大咧咧的她从来不锁抽屉。但她的辩解显得如此无力。公司人力资源部“宽宏大量”，只是把她辞退了事。面对同事们异样的目光，她整个人都要崩溃了。她开始酗酒，喝醉了总会拉着朋友说个不停。身边的朋友渐渐变得不耐烦。他们再也不愿和她一起逛街，就连坐在那里听她诉苦也不愿意。

生活中，每个人都可能成为这样的“受害者”。这种“受害者”心态，最终会造成自己在人际关系上的疏离。人们初听“祥林嫂”的诉说，都会为她伤心遗憾，听多了，却又觉得“可怜之人，必有可恨之处”。

对于那些内心孤独的人，我们往往会先给予关注，渐渐地就觉得：为什么被孤立的人是他，而不是别人？他是不是做了什么错事，才会引起别人对他的不满？我是该继续支持他，还是像别人一样疏远他？尤其是当身边所有人都认为他不好，该集体“制裁”他一下时，我们是否还有勇气坚持自己的判断？有时，我们会屈从于身边众人的感受。一个群体里，如果大多数人不喜欢某人，即便是不明缘由的人，也会很自然地用更加谨慎的态度去面对这个人。这是植根于人类群体心理中的特殊心理现象，是一种群体生存的技巧。这种技巧给社会带来更多“受害者”。当一个群体想给谁点颜色看看时，个体的反抗常常是无力且脆弱的。

我们都希望自己既善良又温柔，可事实上，很多人会成为孤立和排斥别人的帮凶。社会心理学家把这归结为亲密关系:那些企图从朋友或亲人处得到帮助与支持的人,往往身上就贴着一张“被孤立”的标签。这张标签会吓走那些与其情感距离较疏远的人,使其他人拉大与他的距离,感受不到他的情感,无法被他影响,更难把他看成需要帮助的人。这张标签的作用,往往是从“受害者”身上表现出来的。你认定自己身边充满危险,这张标签就会让你的身边变成这样。那么,如何才能摆脱这种困境呢?

第一步,停止扮演“受害者”。

很多时候,“受害者”的标签都是自己贴上去的。你向朋友们倾诉痛苦,其实也是在向他们传递一个危险的信息:我很可怜,你看到了我的弱点,我需要你的帮助。身边的人刚开始可以包容你,但这种包容常常会因为时间而改变。因此,不要让原本可以包容你的人变得不耐烦。每次换个人倾诉虽然是个办法,但更重要的是学会自我安慰。

第二步,就算内心再害怕,也要保持昂扬的姿态。

一个人最大的敌人是自己。孤立感出现时,告诉自己:这只是一种情绪。试着在纸上写下自己的十个优点,感到沮丧时就念上几遍,会有不错的效果。

第三步,找寻那些真正支持你的人。

这些人可能平时与你的关系并不密切,但他们身上具有一种特质,可以让你在不安和彷徨时坚定起来。找到他们,善待他们,但不要过分烦扰他们。让他们明白你的情感,明白你是个值得信任的好朋友,你就会得到他们的支持。人们常说“要对自己好一点”,然而又有多少人知道,有时自己才是造成困境的最大源泉。不要让自己成为生活中的“受害者”,尤其不要让自己有意变成“受害者”。

心灵悄悄话

XIN LING QIAO QIAO HUA

生活中的伤害在所难免,我们要做的是保持积极的心态,同那些能够支持自己的人一起,撕掉“受害者”的标签。

不要用你的想象去制造痛苦

有一些事情，当时很痛苦、很恐惧，可是当你走过这段经历，你会发现，事情真的没有那么糟，只是我们在想象中将它无限夸大了。一味抱紧烦恼，只会得到更多的烦恼，走过去，放下了，就是另一个广阔天地。

佛教经典《百喻经》里面有个《渴见》的小故事。从前有一个人，大热天渴得要死，于是到处去找水。终于，他找到了一条大河，急忙跑上前去。然而，当他站在岸边，看见奔流不息的河水时，左思右想，竟然不敢喝了。旁人路过，见此情景，大惑不解问道："你不是很渴吗？现在到了河边，为什么又不喝水呢？"此人认真答道："我确实很想喝水，可是河水这么多，我想到一辈子都喝不完，所以一口都不敢喝。"路人大笑，觉得此人不可救药，懒得理他，转身去了。

这个人是不是很傻？先不用笑别人，不妨扪心自问：我们有没有犯过类似的错误。也许你曾经很想学一门外语，但是想到有浩如烟海的单词要背，恐怕一辈子都背不完，于是赶紧打消了这个念头。也许你买到一套心仪已久的书，却发现书太厚内容多得超乎想象，担心看不完，再也不敢去碰它，于是这套书在书柜里摆了十几年，一页都没翻开过。每个人的内心都有过雄心壮志，在我们的脑子里，每天都会冒出无数个想法。然而遗憾的是，绝大多数念头都在灵光一闪的刹那，又被自己掐灭了。梦想还未开始，就已结束。佛陀讲这个故事，是要劝喻世人：如果你想修行佛法，就要趁早开始，不要因为担心自己受不了那么多戒律，就干脆一戒都不受，放弃修行。河水喝不光没关系，喝一口是一口，总比站在河边渴死强。人生就是一场修行，这种问题每个人会遇到。然而，佛经里只是阐述了一种现象，并未找出问题的症结所在——我们"见水不喝"的心理根源是什么，有没有行之有效的克服办法？

前美国海豹突击队队员马库斯，写过一本回忆录《孤独的幸存者》，里面详细记录了海豹突击队员的受训内容。可想而知，那种高强度的“地狱式”训练，考验的不光是体能极限，更是意志力承受极限。疼痛、寒冷和恐惧，时刻会把人逼到崩溃的边缘，对于受训队员来说，简直每天都是世界末日。因此，教官又制订了一个比较人性化的规则。训练场上挂着一口大钟，如果哪个学员觉得无法忍受，只要亲自去敲响这口钟，就表示自动放弃，随时可以收拾行李回家，绝不阻拦。即使人人都把敲钟视为奇耻大辱，钟声依然每天都会响起。

不久，马库斯发现了一个奇怪的现象：大多数人都不是在训练过程中放弃的，而是晚上休息时跑去敲钟。也就是说，他们已经圆满完成了当天的训练任务，最艰难的时刻都挺过来了，为什么在最轻松的时候，反而决定放弃？经验丰富的教官解开了马库斯心中的谜团：“他们没有专心投入当天的训练，总是在担心明天能不能熬过去，情不自禁陷入对未来的恐惧之中，越想越害怕，于是放弃了。”因此，教官会提醒留下的学员：“千万不要提前去想象痛苦！要考虑未来，只关注眼前，坚持完成当天的任务就是成功。”道理并不深奥，但总有人做不到。

就像佛经里那个人，站在河边，就是不敢喝水。他想得太远，结果把自己吓坏了。在我们的一生中，可以有所作为的时候只有一次，那就是现在。不要陷入对未来的恐惧中，把握当下，走出第一步，就是胜利。

心灵悄悄话

XIN LING QIAO QIAO HUA

千万不要提前去想象痛苦！道理并不深奥，但总有人做不到。在我们一生中，可以有所作为的时候只有一次，那就是现在。不要陷入对未来的恐惧中，把握当下，走出第一步，就是胜利。

生活是值得过的

《生活值得过吗》是世界大文豪列夫·托尔斯泰作的智慧日历。本书是托尔斯泰晚年心血的结晶。他花了15年时间收集和整理书中这些名人的智慧,并写下了自己的人生感悟。这本书是他余生的至爱,他先后三次修订此书,与这些圣贤进行心灵的沟通,并向读者传授人生的真谛,指明人生道路。

什么样的生活值得过?或者,我究竟应该怎样生活?我应成为什么样的人?

当我们提出这些问题,并尝试回答的时候,我们就已经站在真正的人生道路边缘了。

我们生命的降临,可以说是上天的恩赐,但是我们的生活却是由自己来创造的。人,只要还活着,就是在生活。所以我们每天都要面对生活。它有时候确实很残酷,让我们很无奈。让我们总是感慨生活的艰辛,埋怨命运的不公,但是我认为生活始终都是美好的,之所以我们每个人都有着不同的感慨,那是因为我们的生活态度不同罢了。

人生,数十载矣!说长不长,说短也不算短。至于大家怎么题解,这也是个心态问题。过去的时光,人们总会觉得它逝去得很快!感觉不经意间,时间已经如流水般流逝;等待的日子,人们却会感觉它脚步走得太慢!觉得左盼右盼,希望的那刻还没有来到;幸福的时候,我们总希望时间能够流失的慢点,甚至异想天开的妄想时光能够定格在那一刻,永远不要消逝;苦闷的日子,我们总希望它能够快点过去,希望美好的太阳能够早日出现。

人,的确如此,没理由不向往美好!但是我们不能跟生活较劲。因为它可以轻易地放弃我们,但是我们却不可以放弃生活。一个人的生活不可能平平顺顺,每天你要面对各种各样的挑战。高兴的,悲伤的,收获的,失去的,你不可能清清楚楚斤斤计较地盘算每件事的来龙去脉,验证它的是非曲直。大度一点,麻痹一点,也许你会更轻松、更自在。不如意的事情经常会在你的生命里出现。如果你不能跟生活讲和，那么你的日子一定过得很不快乐，也许永无展颜之时。所以，我们对待生活，要学会坦然面对。敞开胸襟，对着阳光，驱散心中的阴影，温暖就会洒满你的胸膛。

大地从不埋怨狂风暴雨的肆意侵袭，它会敞开自己博大的胸怀去容纳、去吸收。它感激，因为有了狂风暴雨，才让自己学会宽容；太阳从不抱怨层层障碍将其光线阻挡，它会不懈地将其传送给大地万物，直到一天的最后一丝能量耗尽。它感激，因为有了大地万物，才让自己学会坚强。白云从不向天空承诺去留，却始终相伴。风景从不向眼睛说出永恒，却永远美丽。在心中把守侯留给真诚，知道永不停歇的脚步是实在的。跨过今天，留下汗水，请你珍藏永远的奋斗不息的身影。相信自己，走过每一步的路程都会有所收获。让我们坦然地去对待生活的不愉快，学会感激，学会宽容。相信你会体会到坦然的快乐、博大的力量。

感激父母，是他们给了我们生命，教我们学会走路，抚养我们长大，是他们给了我们温暖的生活，亲情如涓涓细流，无声无息，从不张扬造作。

感激可以信任的朋友。友情有一个奇特的作用，如果你把快乐告诉一个朋友，你将得到两份快乐；如果你把你的忧愁告诉一个朋友，你将减掉一半忧愁。

感激那个选择和自己相伴一生的人，要全心全意地去谢谢她(他)的爱。因为有她(他)，才让双方都懂得了什么是幸福，什么是真爱。

感激曾经误解过自己的人，是她(他)让自己更了解人情世故，是她(他)让自己学会忍耐，学会宽容和大度。

感激曾经背叛过自己的人，如果没有当初的背叛，也许今天我还是看不清楚这个世界，不会懂得生活原来是这个样子的，除了甘甜，还有苦涩，除了有阳光，还会有突如其来的暴风和骤雨。

生活，多一点感激，就会少一些怨恨；多一点理解，就会少一些误会；多一点宽容，就会少一些矛盾；每个人都多付出一份心意，生活就会变得更加美好，你也会变得更加快乐。

因为有缘，所以相聚。不管你以后走到哪里，停留在何方。都会有和你在同一个“屋檐”下的人，请你珍惜它。我们的生活，离不开别人的存在，相信你的身边有幸福存在。和你身边的人认识一下，做个朋友。其中包含的快乐、温暖，就等着你去体会、感受。

忙碌的生活,可以让它带走我们的时间,但是不能让它带走我们的快乐!如果它让你感觉不快乐了,那么,朋友,请你停下脚步,找个时间,做点自己喜欢的事情,感受一下快乐,放松一下自己;忙碌的生活,它如果能让你感到充实,觉得快乐,那么,朋友,我会把你当成伟人,你也要相信自己不是凡人,因为,普通人是达不到这种境界的。教你一种生活方式,那就是简单生活:简单生活,并不意味着是贫苦、简陋的生活,它是经过深思熟虑之后,呈现真实自我、过上目标明确的生活,是一种丰富、健康、和谐、悠闲的生活……我们忙着追求更新、更快、更好的生活的同时,却往往忽视了生命最基本的要求——一个更个更宁静、更温柔、更甜美、更祥和的世界。

我们忙忙碌碌又实实在在,在每一个瞬间的机遇中,请你用最灿烂的笑容把美丽的心情张扬,因为你快乐着,快乐着在心中守候的结局。守候着亲人们带来的惊喜,守候着同事围在一起的嘻嘻哈哈,守候着朋友期待祝福的消息。因为你心中有着守候的希望,有着惦念的期盼,热切切的等待中有了甜蜜。好像实现的愿望就在眼前,眼睁睁地望着终点,心中乐开了花。

请用心守候着每一天美丽的心情,潇洒而爽朗中把梦想逍遥。糊涂点吧,因为糊涂了的日子没有烦恼,糊涂了的眼睛没有较真,糊涂了的心里没了压力。就这样走好每一天、每一步。让清醒的头脑和糊涂的心里一起守候,守候每一次朗朗的笑声。上帝把雪花在人间飘洒,就是让你把烦恼遗忘。寒风让窗户在夜晚关上,就是让你享受温馨荡漾。这是多么浪漫的祝福啊。

心灵悄悄话
XIN LING QIAO QIAO HUA

每一片树叶,饱含着它对根的深情;不管你是怎样的一个人,希望大家能够在生活中体会快乐,生命里感受美好!

第二篇 保持你的热情

热情，是对生活充满期望、对人生满怀激情。有了热情，就有了能量，来完善一切，使人生更加完美。用一个热情乐观的态度来看待生活，对待人生，就会有新的观点、平常的心态。凡事只要兴趣不减，热情不灭，再大的困难也不能阻拦，人生也会因热情而变得更加丰富多彩，而富有内涵。这样，或许会有一个适合于自己的美好人生。用双手去拥抱人生，人生才会宣泄激情。用热情去对待人生，人生才会迸放火花。不要在跌倒时，就退却，用你的热情去面对一切，因为每一种创伤，都是一种成熟，都是人生这本历史的目录。

试着驱散心中的阴影

一位住在山中茅屋修行的禅师，有一天趁夜色到林中散步，在皎洁的月光下，他突然开悟了自性的般若。

他喜悦地走回住处，眼见到自己的茅屋遭小偷光顾。找不到任何财物的小偷，要离开的时候才在门口遇见了禅师。原来，禅师怕惊动小偷，一直站在门口等待，他知道小偷一定找不到任何值钱的东西，早就把自己的外衣脱掉拿在手上。

小偷遇见禅师，正感到错愕的时候，禅师说："你走老远的山路来探望我，总不能让你空手而回呀！夜凉了，你带着这件衣服走吧！"说着，就把衣服披在小偷身上。小偷不知所措，低着头溜走了。

禅师看着小偷走过明亮的月光，背影消失在山林之中，不禁感慨地说："可怜的人呀！但愿我能送一轮明月给他。"

禅师不能送明月给小偷，使他感到遗憾，因为在黑暗的山林，明月是照亮世界最美丽的东西。不过，从禅师的口中说出："但愿我能送一轮明月给他。"这口里的明月除了是月亮的实景，指的也是自我清净的本体。从古以来，禅宗大德都用月亮来象征一个人的自性，那是由于月亮光明、平等、遍照、温柔的缘故。怎么样找到自己的一轮明月，向来就是禅者努力的目标。在禅师眼中，小偷是被欲望蒙蔽的人，就如同被乌云遮住的明月，一个人不能自见光明是多么遗憾的事。

禅师目送小偷走了以后，回到茅屋赤身打坐，他看着窗外的明月，进入空境。

第二天，他在阳光温暖的抚触下，从极深的禅定里睁开眼睛，看到他披在小偷身上的外衣，被整齐地叠好，放在门口。禅师非常高兴，喃喃地说："我终于送了他一轮明月！"

每个人的心中都会有一段情、一首歌，在生命中走过的每一个脚步都有一个故事，在不经意间回首，那些在生命中灿烂过的笑容，那些在阴霾里温柔过的目光，在生活中的沧桑，都成了一片片折叠的记忆，在泪水与欢笑中葱茏。

我们不能不承认，这世界还不是太完美，生活中还有太多的无奈，快速的生活节奏，单调的工作内容，麻木的行为方式，不断地给心灵蒙上一层厚厚的灰尘，让那颗往日闪闪发光的心，很难再熠熠生辉。

人，之所以不快乐，不是因为得到的少，而是因为要求太高。生活的艺术就在于：明白去如何享受一点点，而忍受许多，即使生活有一千个理由让你哭，你也会有一千个理由让自己笑。

生活，原本是一件苦差事，一如跋涉，多一点耐心，就会领略峰顶的无限风光；一如探索，多一点勇敢，就会获得智慧的丰厚宝藏；一如爱情，多一点理解，就会拥抱玫瑰的浓郁芬芳……

给别人的心灵一缕阳光，那是一种善举，一种修养；给自己的心灵一缕阳光，那是一种自我保护和修复的方式；给失败的人一缕阳光，他会在阳光里东山再起；给成功的人一缕阳光，他将沐浴着阳光披荆斩棘……

当你遇到可以相信的朋友时，请好好和他相处下去吧，因为在人的一生中，遇到一个推心置腹的知己真的很不容易；当你遇到伤害过你的人时，请向他微笑吧，因为是他让你明白了，人经过磨难才有了奋进的动力。

该爱就爱，敢恨敢爱，放弃该放弃的，珍惜身边拥有的。心有多大，世界就有多大，别让乌云迷了路，别让阴霾遮了眼。给心灵一缕阳光，让爱随情走，让梦随心随意飞……

心灵悄悄话

XIN LING QIAO QIAO HUA

人生本是一杯清水，关键在于你放进去了什么？放进了泥沙，它便会混浊；放进茶叶，它便芳香四溢。一切在于自己，在于心！

让目光去旅行

有一个人很喜欢刺玫花，认为那花很娇艳，于是在院子里种了很多。

刺玫开花了，一朵又一朵，鲜红鲜红的，把细长的枝条都压弯了。可是，让这个人皱着眉头烦恼的是，刺玫身上还长着像针一样尖硬的刺。浇花时稍不留神，就会扎伤他的手指。

等到刺玫的红花凋落以后，他拿来一把剪子，把它浑身上下的刺剪得一根也不剩。刺玫再也不会扎人了，但从此以后，它也不再开花了。

这个人问他的朋友："我的野刺玫为什么不开花了呢？"

朋友抱来一本植物学的书翻开给他看："你瞧，刺玫的刺具有叶子的功能。即使叶子掉光，刺还能代替叶子进行光合作用。假若刺玫不长刺，它也就不会开花了。你爱刺玫，怎么能剪光它的刺呢？"这个故事告诉我们，美与丑总是相伴相生的。

记得有位哲人说过这样一句话：对于我们的眼睛，不是缺少美，而是缺少发现。在现实生活中总是会有许多人抱怨社会丑陋，穿行于社会的人们丑陋等。

其实人们的这种想法是过于偏激了，在社会中还是存在许多的美，就是因为人们不去发现，只是一味地通过表面就下结论。有个故事是这样的：一天，美和丑相约一起去海边游泳，美穿的是美丽的外衣，而丑穿的则是丑陋的外衣。二人游泳完后，丑先上的岸，随便拾起一件外衣就穿上了，随后美也上了岸穿上了外衣，二人就回家了。但回到家中才发现衣服穿错了，此时丑发现自己很美，而美发现自己很丑。其实，美和丑都是相比而言的。这个故事就是说明美和丑有时只需要一件外衣就可以改变，关键是自己有没有发现。

2007 年 10 月 2 日世界夏季特奥会在上海隆重开幕了。这是一群特殊的人在一起为了自己的运动梦想而奋斗。他们都是一些有着特殊身体的人,他们都是有缺陷的人。假设从外表去看,他们也许给人的第一印象是丑,但当他们站在运动场上的一刹那,你会发现他们是最美的,他们是世界上最可爱的人。

随着科技的进步,人们的思想素质的提高,人们的审美观也有所改变。一些抽象的东西人们也可以去发现他的美,这就是进步,是人们善于发现美的进步。断臂的维纳丝人们给予的是崇敬,美更是体现得淋漓尽致。梵高画了一生的画,到死后人们才发现他的画美的一面,从而使其画成了无价之宝。而梵高遗憾终身,如果人们善于去发现美,就不至于出现这种下场。在我们的周围,美就像影子一样和我们不离不弃,只是我们没有去注意美,没有去细心发现美。

美丽与丑陋其实有时就是一步之遥,美丽中有丑陋,丑陋中有美丽,这就要我们去善于发现。当我们用眼睛去细心品味丑陋中的美丽时,你会发现这也是一种幸福,从身边去发现那些被人们摈弃的丑陋,把那美丽的一面带到自己的心灵世界,让自己的心灵在美丽中得到净化。

心灵悄悄话

XIN LING QIAO QIAO HUA

眼睛是心灵的窗户。用美丽去敲开这扇窗,让心情变得更舒畅,何乐而不为呢?让我们用心去发现生活中的点滴美丽以及那些被遗忘的美丽。

释怀，坚守自我

不要抱怨你的不如意，不要抱怨你没有一个好爸爸，不要抱怨你空怀一身绝技没人赏识你，现实有太多的不如意，就算生活给你的是垃圾，你同样能把垃圾踩在脚底下。这个世界只在乎你是否到达了一定的高度，而不在乎你是踩在巨人的肩膀上上去的，还是踩在垃圾上上去的。而事实上，踩在垃圾上上去的人更值得尊重。

学会接触不同的事物，接触不同的面孔。上帝造人本就是千姿百态的，各有各的性情、各有各的肤色、各有各的相貌，世界本就多元化，在多元化的世界，丑的、美的、胖的、瘦的，只有这样世界才丰富多彩，充满情趣。在审美时代，不需要时时一板一眼，穿着规规矩矩，留着整齐的发簪，偶尔有一点小小的放纵，扎起马尾，换上休闲而随性的服饰，毫无顾忌地大笑，舒适无阻的高唱，就宛如在平静的湖面上增添了几分涟漪，更显得生动活泼。但偶尔的放纵是可以的，但放纵不等于放肆，适当的适可而止的疯狂，会给我们的生活增添不少意义；若肆无忌惮，冲破自己的底线，就会失去真正的价值。

时光飞逝，岁月荏苒，在历史的长河里，在万物的苍穹间，纵横物欲的世间，我们每个人都很渺小，都很平凡；世间本是平凡的。在平凡间，做着平凡的事，用淡定、坦然的态度学会生活的乐趣，用乐观积极的本性来克服所有的磨难，平凡世界里的平凡人生，才会有声有色、有滋有味，其乐无穷。

一天晚上，一群游牧部落的牧民正准备安营扎寨休息的时候，忽然被一束耀眼的光芒所笼罩。他们知道神就要出现了。因此，他们满怀殷切地期盼，恭候着来自上苍的重要旨意。

最后，神终于说话了："你们要沿路多捡一些鹅卵石，把他们放在你们的马鞑子里。明天晚上，你们会非常快乐，但也会非常懊悔。"

说完，神就消失了。牧民们感到非常的失望，因为他们原本期盼神能够给他们带来无尽的财富和健康长寿，但没想到神却吩咐他们去做这件毫无意义的事。但是不管怎样，那毕竟是神的旨意，他们虽然有些不满，但是仍旧各自捡拾了一些鹅卵石，放在他们的马鞑子里。

就这样，他们又走了一天，当夜幕降临，他们开始安营扎寨时，忽然发现他们昨天放进马鞑子里的每一颗鹅卵石竟然都变成了钻石。他们高兴极了，同时也懊悔极了，后悔没有捡拾更多的鹅卵石。

其实，在我们的日常生活、工作、学习中又何尝不是这样呢！有许多眼前看似鹅卵石一样的东西被我们丢弃了，然而，忽然有一天，当我们需要它的时候，它就变成了钻石，而我们却不得不为以前丢弃它而懊悔不迭。

佛曰，得之不喜，失之不忧。学会释怀，学会减压，坚守自我，重拾真爱，学会让心灵舒展，不人云亦云，不随波逐流，不左右顾盼，不盲目跟风，用自我坚固自己一生的情趣。

心灵悄悄话

XIN LING QIAO QIAO HUA

人生不过如此，又有什么值得你去伤悲的事，你就当它是踩在脚下的垃圾好了，让它成为你人生成功的垫脚石。

信手拈来的快乐

人生在世有很多不称意：为名忙碌而无结果，为利奔走而无收获，被梦所累无法解脱，爱情所困无处诉说。

诸多的忧愁，太多的烦恼，总会在你身边萦绕。我们需要的是一种正确的处事方式，才会多一些开心少一些烦恼，或者退一步，换一个角度去对待，才会获得生活中那份洒脱与快乐。

有则寓言讲，一位花天酒地的国王总是郁郁寡欢，便亲自外出寻觅快乐。当他看到一位穷苦的农夫正放声唱歌时，就问："你快乐吗？"农夫回答："当然快乐。"国王颇感费解："你这么穷，也能有快乐？"农夫回答："我也曾因为没有饭吃而苦恼而苦闷沮丧，等我遇到一个没有手的人以后，才发现我比他快乐得多，我可以用双手去播种、耕耘。"

寓言虽短，但它告诉我们：快乐不过是一种感觉，而不快乐则是因为忘了感受或不善感受快乐！快乐并不神秘，也不遥远，快乐就在我们的身边，关键是你必须爱生活，必须会感受！那么快乐是一种什么样的感受呢？简单地说，快乐就是一种积极的感受。

从心理学的角度讲，快乐是盼望的目的达到、紧张解除后继之而来的情绪体验。它是人类最基本的情绪之一。一个人的需要得到满足后，就会产生喜悦、满意、振奋的情绪。

快乐的情绪是一种美好的感受。快乐伴随着满足感，使个体更易理解周围让人紧张和不满意的问题，使个体处于宽容之中；快乐更易使人体验到人与事或人与人之间存在的鲜明关系，使个体处于和谐亲切之中；快乐使人自信地享受生活的乐趣，可使人精神振奋。

生命原本是永恒的苦旅，如何发现简单而快乐的人生呢？其实快乐是单纯的，它不会因为你富贵就来得多些，也不会趋炎附势。在阳光下，保留一颗童心，放松心情，好好地关注一下自己的内心。当窗外的花开的时候，泡一杯清茗，在茶的清香中，放慢思绪，认认真真的品味着花的红艳和生活的乐趣。

我们的心底有一扇门，通常对外只打开细细的一条缝。这些年来，我常常会将自己分割成两半，一半是快乐的，一半是不快乐的，当快乐与不快乐相遇时，我就会问自己，有什么可以不快乐呢？生命本就是一场诡计，若是不能保持平和的心态，纵使看花观月也不过是随风而过罢了。

世界五彩缤纷，快乐无处不在。看看古人是如何寻找快乐的吧！岑参用“誓将挂冠去，觉道资无穷”来表明他找到了弃官信佛之乐。李白在壮志难酬，宏图难展，孤单寂寞，无人共语时，则把天上明月当成朋友，他在“暂伴月将影，行乐须及春”中找到了欢乐，他仕途失意时，“人生得意须尽欢，莫使金樽空对月”则是一种以纵酒狂欢来消除心中苦闷的一种找乐方式，而他的“天生我材必有用，千金散尽还复来”则拥有的是对人生的一份希望之乐。古人尚能知道化愁为乐，何况我们呢？

快乐是需要寻找的。只要我们有一个善于寻找快乐的心境，那快乐就会时时刻刻陪伴在我们身旁。

有一家日本料理店反其道而行开在小巷里，不但没有店招牌，甚至也没有菜单。然而，每天从傍晚开始，总有食髓知味的老饕，陆续朝着店门口那盏晕黄的灯走来。

店里的装潢不见奢华，却平添了几分家常味，每一位客人入座后简单和老板攀谈几句，特别问明了不吃的食材之后，其余的就全交给老板决定了。果然，端上来的菜色，虽是时令常见食材，味道却分外新鲜，常让人惊异这么普通的菜蔬鱼肉，口感竟可以如此美味。

就这么一家小店，摆了几张小桌，每天招待几组客人，老板和食客总是相谈甚欢，口耳相传的结果，竟也座无虚席。

据说，店老板曾经亲自到日本拜师学艺很长一段时间，对于食材的处理和烹调，磨炼出扎实的好手艺，尤其讲究食材的真味与日本小吃暖口更暖心的氛围。开店以后，更不时重回日本探访各式小吃的制作方式，力求让自己的料理技术迈向更高境界。

曾有人问他为何不扩大经营，借此大赚一笔？以他的手艺和质量，想成为人气名店并非难事；但是，店老板却认为，他只是在做他自己喜爱的事，他煮菜给人吃不仅仅是为了赚钱，而是为了让人和他一起分享美味。真要把店面扩大，就必须增加人力与物力，最后做菜不再是享受和乐趣，而是变成了一种枷锁和折磨，那并不是他想要的生活。

心灵悄悄话

XIN LING QIAO QIAO HUA

“无欲则刚”。人没有太多欲望，就不会有许多不满足的挫折感；偶尔有额外的收获，反而会增添意外的幸运感受。就是快乐人生的原则。

热情拥抱人生

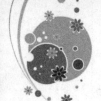

“历史的标点全是问号,历史的幕后全是惊叹号。”这句话总结了历史始末,也总结出神奇人生。

我们每一个人都拥有人生,但并非每一个人都懂得人生,乃至于珍惜人生。人生在乐观主义者眼里是美丽的,在悲观主义者眼里是残缺的,在现实主义者眼里是美丽但又残缺的。我们一定要珍爱生命,因为生命只有一次,不要等到快要离开这个世界时才感到人生短暂。

用双手去拥抱人生,人生才会宣泄激情。用热情去对待人生,人生才会迸放火花。不要在跌倒时,就退却,用你的热情去面对一切,因为每一种创伤,都是一种成熟,这都是人生这本历史的目录。

热情,是对生活充满期望、对人生满怀激情。有了热情,就有了能量,来完善一切,使人生更加完美。用一个热情乐观的态度来看待生活,对待人生,就会有新的观点,平常的心态,凡事只要兴趣不减,热情不灭,再大的困难也不是阻拦,人生也会因热情而变得更加丰富多彩,而富有内涵。也就会有一个适合于自己的美好人生。

热情,会激励人产生希望和信心,从而去把握人生;热情,会诱发人实施行动和开拓,促使人创造人生;热情,是人生收获与成就的根本,是创造财富的源泉,是人生中的太阳;热情,是心灵深处迸发出的力量,激励人去唤醒沉睡的潜能,驱动人奔向光明的前程,促使人发挥无穷的才干和活力。有了热情,人生才会充实,才会快乐。

热情地拥抱生活的世界,乐观、积极、坚强地面对现实,才会真正地享受快乐。

热情地拥抱自己的人生,拨开心灵的迷雾,才会发现,人生其实真的很美好。

就让我们用热情的双手,去拥抱我们的人生吧!

曾经有个老木匠准备退休了，他告诉他的老板自己年纪大了，不想再做盖木房子的手艺了，他知道这样收入会少些，但还是决定退休。想和老伴过过清闲的退休日子，享受晚年的生活。虽然他也会惦记这段时间里还算不错的薪水，不过他还是觉得需要退休了！

老板舍不得他的好工人走，问他看在多年的交情上是否愿意再帮忙盖“最后一栋房子”。老木匠答应了，但随着时间的流逝，很容易看得出来，老木匠的心已经不在盖房子上面了：他用的是软料、次料，出的是粗活，手工非常粗糙，工艺做得更是马马虎虎。

老木匠穷其毕生最后的精力，却将这“最后一栋房子”盖得这么坏，真是惭愧！其实，用这种方式来结束他的事业生涯，实在有点不妥！老木匠终于草草的地完成了“最后一栋房子”，他请老板来验收。

老板来到房子前面，见到老木匠，手里递过一把钥匙给老木匠，拍拍老木匠的肩膀，诚恳地说：“这是你的房子，是我赠送你退休的礼品！”

木匠惊呆了，他震惊得目瞪口呆，羞愧得无地自容。事到如今，返工已不可能，如果他早知道是在给自己建房子，他怎么会这样呢？他一定会用最好的材料、最高明的技术，然而现在呢，却建成了“豆腐渣工程”！可是一切已经来不及了，现在他得住在一幢粗制滥造的房子里！他只能自作自受。

我们很多时候总是漫不经心的在经营我们的生活，在建造生活这个房子的时候，我们常常是消极应付而不是积极主动，凡事不肯精益求精、追求卓越。在关键时刻又不肯尽最大努力，而让自己做出来的事情不太完美。

我们常常找好多理由来原谅自己在生活中不去尽力，原谅自己在生活中敷衍、懈怠。直到看到自己的成品，发现将住在自己所盖的“房子”之后，我们才感到震惊！猛然间我们面对自己目前的局面却措手不及。如果之前就知道，自己的生活会面对自己所创造的产品，就不会这样了！

把自己当成那个老木匠，想想自己的房子，每天当自己要钉一只钉子，铺一块墙板时，多尽点力，做仔细点，自己的生活只有这一次机会去完成。哪怕还再活一天，那一天也要生活得完美和高尚。就好比是在营造你的一生一样，即使只会在里面住几天，为了那几天，都要做得好，住的有尊严。

生活是一门自修课，谁还能比自己更懂自己呢？自己今天的生活成果，是来自于自己过去对生活的态度和抉择，而明天的生活成果，就是自己今天对生活的态度和抉择的结果。如果没有以一个追求卓越表现的态度来经营我们的人生，我们终将会像这位老木匠那样遗憾而去。

很多人以为自己在“为别人做事”，所以“做好做坏一个样”，自己不必为自己的二流表现承担任何责任，但说实在的，如果你一直都这样做事情的话，相信在你的内心深处也是不会安宁的。

人生需要有敬业的态度，要么不做，要做就要把所做的每一件事情做到最好，这样到我们死的时候，我们才会觉得自己的人生没有白过，因为我们为这个社会创造了不少“价值”。如果你在你的工作中能创造出一个人见人爱，能流传上百年、上千年的东西出来，我觉得那将是这辈子最大的福气，也是我们对这个社会最大的贡献。

心灵悄悄话

XIN LING QIAO QIAO HUA

人生，是一个光辉灿烂的旅程，是一个创造享受的历程，也是一个欣赏品味的过程。我们每一个人都要为之而欢呼，而骄傲。走一次人生旅途，确实值得珍惜。

卸下你的“累”

有一位讲师正在给学生们上课，大家都认真地听着。寂静的教室里传出一个浑厚的声音：“各位认为这杯水有多重？”说着，讲师拿起一杯水。有人说二百克，也有人说三百克。“是的，它只有二百克。那么，你们可以将这杯水端在手中多久？”讲师又问。很多人都笑了：二百克而已，拿多久又会怎么样！

讲师没有笑，他接着说：“拿一分钟，各位一定觉得没问题；拿一个小时，可能觉得手酸；拿一天呢？一个星期呢？那可能得叫救护车了。”大家又笑了，不过这回是赞同的笑。

讲师继续说道：“其实这杯水的重量很轻，但是你拿得越久，就觉得越沉重。这如同把压力放在身上，不管压力是否很重，时间长了就会觉得越来越沉重而无法承担。我们必须做的是放下这杯水，休息一下后再拿起，只有这样我们才能拿得更久。所以，我们所承担的压力，应该在适当的时候放下，好好地休息一下，然后再重新拿起来，如此才可承担更久。”

说完，教室里一片掌声。

人的一生中有太多的无奈和烦恼，有太多的伤感和惆怅，有多少往事不堪回首？有多少记忆如过眼烟云？也许，亲情、友情、恋情都将伴随心累的历程，也许，所谓的傲骨与傲气，都得付出心累的代价！许许多多的过往堆积在记忆的深处，一天一天，心里装的越来越多，心的负荷也就越来越重。有太多的分分秒秒、太多的点点滴滴，汇成心语，凝成回忆；也有太多的选择、太多的无奈，但这无数个太多的背后，你只能让心去承受，让心去感悟……

生命本是一场漂泊的漫旅，走过的每一个地方，遇到的每一个人，也许都将成为驿站，成为过客。总是喜欢追忆，喜欢回顾，喜欢眷恋。却发现，曾经以为念念不忘的事情，就在我们念念不忘的过程中，已慢慢淡忘……对于曾经的驿站，只能剪辑，不能驻足，对于曾经的过客，只能感激，不能苛求。

人之所以会心累，就是常常徘徊在坚持和放弃之间。生活中总会有一些值得回忆的心情往事，更有一些必须面对的难舍难分。放弃与坚持，该如何取舍？勇于放弃是一种大气，敢于坚持何尝不是一种勇气，孰是孰非，谁能说的清道的明呢？

人之所以会烦恼，就是没有学会遗忘。一切的一切都深藏于心灵深处，“记住该记住的，忘记该忘记的，改变能改变的，接受不能改变的。”又有几人能如此洒脱！

人之所以会痛苦，就是追求的太多。明知道有些理想永远无法实现，有些问题永远没有答案，有些故事永远没有结局，有些人永远只是熟悉的陌生人，可还是在苦苦地追求着，等待着，幻想着。

面对着诸多的诱惑，有多少人能把握好自己，又有多少人不会因此而迷失自己？当你不懂得爱情的时候，爱情却经常与你擦身而过。当你成家立业后，蓦然回首，那人却在灯火阑珊处。很多时候，我们走错了路却不能回头，选择了事业却发现并不喜欢。生在富贵里想去体会穷人的满足，生在贫困中却不知道富人的烦恼。我们经常做梦，却总是难以醒来；经常幻想却总是难以实现。经常的抱怨却总是不去努力；经常的策划却总是不能付诸实践。不喜欢读书，却不得不为了文凭奔波；不善于言谈，却必须去推销自己……

人生，其实就是这样，无奈但又必须去接受。有时总想让自己活得潇洒快乐一些，却对身边的人或事物无法割舍！人生总有太多的无奈和遗憾，夕阳易逝，岁月消退，容颜不在，花开花落。无可奈何花落去，花落几许，无奈相随。

岁月蹉跎，时光荏苒，人的一生中，奔波与劳碌如影相随，痛苦与寂寞挥之不去！再好的东西都有失去的一天，再深的记忆也有淡忘的一天，再爱的人也有远走的一天，再美的梦也有惊醒的一天，该放弃的决不挽留，该珍惜的决不放手。

如果，不幸福，如果，不快乐，那就放手吧；如果，舍不得、放不下，那就痛苦吧。成长的痕迹给了我们很多的感悟与启迪，别让自己的心太累。

心累了，在宁静的居所，沏一杯清茶，放一曲淡淡的音乐，将自己融化在袅袅的清香和悠扬的音乐中……体味那份温情和感动。

心累了，静静地躺在草坪上，晒晒太阳，吹吹清风。让阳光晒去满身的疲惫，拂去昨日的阴影，风干眼角的泪水……让风儿吹去满腹的痛楚，吹去心中的寂寞，吹去淡淡的忧愁……

心累了，可以打上背包去远游，让自己在旖旎的景色中沉醉，远离尘世的喧嚣。

心灵悄悄话
XIN LING QIAO QIAO HUA

人之所以不快乐，就是计较的太多。不是我们拥有的太少，而是我们计较的太多。世界上没有完美无缺的东西，缺憾有时也是一种美，一种凄婉、永恒的美……

第三篇 有另一种生活在进行

美丽缤纷的风景，就像人生的快乐幸福，能够将生命点亮，丰富人生的美好记忆。而崎岖泥泞的道路，就像人生的困惑悲伤，会让前进的脚步沉重，可是也同时磨砺意志，积累经验，使人能更好的迈开下一步。旅行不会因为美丽的风景就终止，再华丽绚烂也要经过，如果想在此刻就停留，那么就会错过更多更好的风景。同样，不管是多么可怕的风雨，也不会持续整个旅途。坚持前进的脚步，相信不久就会迎来彩虹。用欣赏风景的心情迈开每一步，人生的旅程定会丰富而精彩！

不远处也许就是绿洲

什么是新生活？这是一个相对的概念。其实很简单，就是从昨天的不称心不开心中走出来，轻松迈向全新的生活。

我们每天都很累，要面对很多是是非非，还有来自生活各方面的巨大压力，工作，生活……我们每天背着无形的大山，在现实面前我们不堪重负，我们委曲求全，我们总是勉强维持。

现在的我们，就像奥地利作家弗兰兹·卡夫卡笔下的格里高尔，一个小人物，一个偶在的个体生命。命运就是如此地充满了偶然性、荒谬性，人生就是如此地不可预料、不可逃避，现实面前，我们被迫变异，失去了自我！

在浩瀚的历史长河中，或许我们太过渺小，要是比喻为一滴水、一粒沙哪也毫不为过。我们不知道人生的意义何在？从书籍上也看到过很多种对人生意义的说法。有的认为人生来是享受的，有的则认为人生来是赎罪的。到底我们活着的意义是什么？我想就是用一辈子去求证也不会有答案。

今天，我们逃避，感慨，甚至自闭，这都不能解决问题。我们不是历史学家，也不是哲学家，我们没有必要给自己的生活绑上沉重的思想负担和精神包袱，我们没有必要去求证什么人生真理，或是不停地质问自己活着的意义。我们更重要的是活在当下，好好的，开心的，快乐地活在当下的新生活里。要活出一个真正的自我，抛开琐碎的无尽的烦恼。

想要的太多，想得到的太多。亲情，友情；工作，事业，学业样样你都想得到，但是得和失是平衡的，你要付出什么代价来换取这些呢？

学会选择吧！选择开心的，选择快乐的，选择对你有利的，这很简单。如在大沙漠里，有一个水袋和一个金袋，你一定会选择水袋。

一起来走进新生活吧，活出一个自我，让生活更充实，更轻松，更快乐。

“在英国最古老的建筑物威斯敏斯特教堂旁边，矗立着一块墓碑，上面刻着这样的一段话：当我年轻自由的时候，我的想象力没有任何局限，我梦想改变这个世界。当我渐渐成熟明智的时候，我发现这个世界是不可能改变的，于是我将眼光放得短浅了一些，那就只改变我的国家吧。

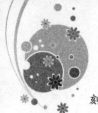

“但是我的国家似乎也是不能改变的。

“当我到了迟暮之年，抱着最后一丝努力的希望，我决定只改变我的家庭，我亲近的人，但是，唉！他们根本不接受改变。

“现在在我临终之时，我才突然意识到：如果起初我只改变自己，接着我就可以依此改变我的家人。

“在他们的激发和鼓励下，我可能就能改善我的国家，接下来，谁又知道呢，也许我连整个世界都可以改变。”

心灵悄悄话

XIN LING QIAO QIAO HUA

如果每个人平均活一百岁，你已经只剩70多年了；如果你还选择让自己“不太开心”的活法，想想是不是更吃亏？

当生命的低潮将至

常规的生活容易引人疲惫，何况，生活的内涵从来就包括诸多的无奈与失落！实际上我们不可能每天都尝试一种崭新的生活，也不可能时刻都保有那种对生活的全部激情，虽然我们挂在嘴上，总是这么勉励自己；我们不可能随心所欲，为所欲为，接受生活中的巨大诱惑和拒绝那些生活中的不快，哪怕我们拥有足够的金钱和自由。

更重要的，无论对谁，生活的本质是平淡的、朴实的，甚至是琐碎的，乏味的。有什么理由让我们始终如一地保持那种只有幼童过年时方有的渴望、兴奋与冲动呢？

生活本来就是这个样子，而人尽管有着聪明才智和活跃，也不过如此。对于生活，尽管我们的想法很多，志存高远，但首先总得直面它。尤其要直面它的疲惫，疲惫后面的无奈，无奈后面的威胁。

为什么有的人在征途中猝然倒下而毫无先兆？为什么有的人在生活的重压下选择退却而消极逃避？为什么有的人在灵魂的拷问中甘于沉沦而投降乞怜？

生也有涯，总有烛光熄灭的那一天，除了本身，什么都不能带来，也什么都不能带走。疲惫有时，总有志气昂扬的那一刻，除了生活本身，什么都不必在意，也什么都不必认真。

因此，当我们生活时，首先就要学会呼吸；当我们奋然前行时，就要懂得保存体力；当我们准备赞美和享受时，就不要吝惜探询的眼光和脚步，就不要在乎掌握的财富和光阴。

一日的匆忙之中，不妨稍做驻足，抬眼远望；

一月的紧张之中，不妨淡出数日，诚意正心，凝神静思；

一年的之中，不妨临水登高，探幽涉远，给身体松绑，给心灵放假；

一生的执着当中，不妨栽几棵恬淡的花，喝几杯淡雅的茶，下几盘得意的棋，交几个相知的友……

所谓真谛，无非自然；所谓质量，唯其真实；所谓真生活，就是该放松时就放松，到自由处尽自由。因此，当生活的疲惫来临，我们早已作好准备，舒展身心；当心灵的疲惫来临，我们早已气定神闲，泰然处之；当生命的低潮将至，我们早已调整，闲云野鹤。

鲁豫采访白岩松，问："面对高强度的工作压力，你如何应对？"白岩松道出了他的秘诀："学会关门。"

平时在电视上看到的白岩松，不苟言笑，一本正经，用他那富有磁性的嗓音分析着各种各样的时事问题，从暴风雪到大地震，从农村改革到医改。关于白岩松的话题也很多，有反对抵制家乐福而被骂成卖国贼、汉奸的，有写了篇血性文章而被称作民族脊梁的。

白岩松说，新闻主持人这个行业就是绞肉机、名利场，一个公众人物在大众的视线里可以很快成为"民族脊梁"，也可能一下子成为"卖国贼"。在这样的环境中，作为主持人就要学会关门。如果不能把这些问题看淡，天天活在别人的舌头里将是件可怕的事。如果没有一扇"门"把自己关上，什么都别想干……于是他在某段新闻结束后，会把与工作有关的一切都关掉。关上"门"之后，外面的一切都和自己没有关系。工作一完，心门一关，又是另外一个世界。工作时间，可以懊恼，可以得意，工作一旦结束，关上"门"，放自己回到生活中，做一回自己，干自己想干的事，逛街、旅游、看电影、喝咖啡……白岩松说话直率，一针见血，得罪的人也多，他能够顶住外面的流言蜚语，生活得潇洒，正是因为他懂得关"门"。

心灵悄悄话

XIN LING QIAO QIAO HUA

当我们生活时，首先就要学会呼吸；当我们奋然前行时，就要懂得保存体力；当我们准备赞美和享受时，就不要吝惜探询的眼光和脚步，就不要在乎掌握的财富和光阴。

世界有多大，心有多大

有一位画家这样打趣地说："如果有一天，我的丈夫一不小心当了国王，身为王后的我一辈子住在华美的宫殿里，有花园、佳肴、美酒、华丽的衣服和成百的仆人，但规定我从此不能再画画了，那么我情愿做一个穷人的老婆，住在穷乡僻壤的地方，整天背着画夹去游山玩水，去画画，也绝对不当不能画画的王后。"

她的话，虽是玩笑，但也透出了人们对心灵自由的追求。

物质生活的富裕，活动方式的拓展，不一定能使我们的心灵平和与安宁。是什么束缚了心灵的自由？是我们自己。

不是吗？平日我们总是埋怨自己整天忙忙碌碌，繁杂的事情充斥着大脑，紧张的竞争和压抑使我们喘不过气来。于是，我们渴望回归自然，希望有个安静的地方让自己整理一下心绪，甚至想到一个无人的孤岛，去享受期望中的那一种自由的感觉。

或许在那些看似美好却让我们感到孤单寂寞的小岛上，不一定能如愿获得我们所想要的感觉。那么，我们生活在这个现实的世界里，就要学会在烦琐中享受自由，在复杂中感受轻松。只要我们愿意，就让我们寻找心灵的自由吧！

是的，我们生存在这个繁杂的世界上，我们应该学会给心灵一个驰骋的空间。我们常常这样说："世界有多大，人的心便有多大"。我们为什么不把心灵置于物外，在这物欲横流的浊世上放飞自己的心灵呢？我们的肉体不能超脱各种物质，但我们的心灵却可以做得到。

在那夜深人静的时刻，在那繁忙的工作之余，给心灵一点时间，走向灵魂的深处，听从自己内心的呼声。这样做的结果，会让我们感受生活种种的吉祥与美好！

是的，我们应该给心灵以思索的空间。这种思索不是对物质的无穷追

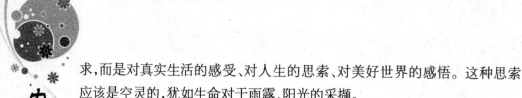

求，而是对真实生活的感受、对人生的思索、对美好世界的感悟。这种思索应该是空灵的，犹如生命对于雨露、阳光的采撷。

人对自然、对人生的思索是无穷无尽的，这思索的过程既是对人生的享受，更是对心灵的解脱。现实就是这样，我们要想获取各种物质的享受，就得付出一定的代价，但心灵享受的程度却完全可由自己来决定，这既不需要金钱的代价，也不需要肉体的劳累作为代价，对急于摆脱烦恼的人们来说，何乐而不为呢？

是的，我们也应该给心灵以爱的空间。无论什么人，不管是高官大爵或者是平民百姓，他的一生都需要用爱来滋养。对于一个有灵性的人来说，这爱是极其广泛的，可以爱自然，爱人类，爱他人，爱自己。一个人一旦失去了爱心，他的生命便会黯然失色。

一个不爱自然的人不会爱人生，一个不爱他人的人也不会被人爱。爱得越多，那么他的生活就会越幸福。对整个人类来说，对爱的需求是永远没有止境的。我们有幸生活在这个世界，有什么理由不去爱呢？让爱充满人间，应该是人类追求的一种最高境界，因为一切的美都是由爱而发芽、由爱而生长的。如果我们的心中随时都有一种爱的思索、爱的情结，那么，人生还能不幸福吗？

庄子原系楚国公族，楚庄王后裔，后因战乱迁至宋国，曾做过宋国地方漆园吏，生活贫穷困顿，却鄙弃荣华富贵、权势名利，力图在乱世保持独立的人格，追求逍遥无恃的精神自由。

相传庄子和惠施(惠子)是多年的好朋友。那一年，惠施在梁国作了宰相，庄子想去见见这位好朋友。

有人急忙报告惠子说："庄子这次来，是想取代您的相位啊！"

"有这回事吗?"惠子有点怀疑，心里很恐慌，于是派人在国中搜寻了三天三夜，欲阻止庄子前来，然而，却不见庄子的行踪。

有一天，庄子突然从容地来到惠子的官邸拜见惠子。惠子很有礼貌地接见了这位老朋友。相互寒暄之后，惠子开门见山地询问庄子这次来访的目的。

庄子也许知道那些谣传，于是委婉地说："老朋友啊，您听说过有这么一个故事吗?"庄子迷惑不解："什么故事?"

庄子从容道："南方有只鸟，名叫凤凰。这凤凰展翅而起，从南海飞向北海，非梧桐不栖，非竹子的果子不食，非甜美如醴的泉水不饮。有一次，一只猫头鹰正在津津有味地吃着一只腐烂的老鼠，恰巧凤凰从头顶飞过。猫头鹰急忙护住腐鼠，仰头看着凤凰，愤怒地大喝一声：'吓！你也想来吃鼠肉吗？'凤凰鄙视着猫头鹰，哈哈大笑，扬长而去。老朋友，现在您也想用您的梁国来吓我吗？"

惠子羞愧无语。

心灵悄悄话

XIN LING QIAO QIAO HUA

在这变幻无常的世界，我们每时每刻都在受到各种桎梏的束缚，经受着快乐与苦难，但愿我们能通过对人生的参悟，把心灵解放出来，给心灵以解放，给心灵以自由。我们的心灵解放了，我们的心灵自由了，我们的人生就幸福了！

让心情适应环境

有一只乌鸦打算飞往东方,途中遇到一只鸽子。双方停在一棵树上休息,鸽子看见乌鸦飞得很辛苦,关心地问:“你要飞到哪里去?”乌鸦愤愤不平说:“其实我不想离开,可是这个地方的居民都嫌我的叫声不好听,所以我想飞到别的地方去。”鸽子好心地告诉乌鸦:“别白费力气了!如果你不改变你的声音,飞到哪里都不会受到欢迎的。”

也许,人固守着自己的真诚,却无法得到这个社会外在环境的认可与肯定。常听人说,“人要适应环境,不能让环境来适应你自己。”不明白这句话中所隐藏着的是一个真理,还是一个阴谋?看过的不合理的事情多了,也就不以为有什么不合理;看到不合法的事情多了,似乎也能泰然处之了。也许,人真的适应了环境,就能得到所处环境的认可。人的一生总会遇到不同的环境和群体,而我们又如何才能适应一个新的环境和融入一个新的群体呢?人应该适应环境,不要被环境所拘泥,在恶劣的环境里学会生存,进而改变环境。如果你能改变环境,那就让环境适应你,如果不能那就只能去适应环境,在无力改变生存环境的时候,那么就去改变自己,生存环境也会随你改变而改变。学习中遇到的烦恼,分析一些不良行为形成的原因:

首先,当早读课的铃声打响了,可是,迟到的同学络绎不绝,有的姗姗来迟,对迟到不以为然,还大摇大摆地到小卖部吃早餐;有的同学仪容仪表不符合学校规范,老师一再要求不要佩戴饰物、不要留长头发、不要留长长指甲,可有的同学就是不听,还以各种理由强词夺理;课堂上,有的同学伏台睡觉,不听课、不做练习,老师纠正其行为时,暴跳如雷,甚至用粗言秽语辱骂老师;下课期间,有的同学觉得无聊,随意破坏公物,甚至破坏消防设施设备……我们生活在一个集体里面,当自己的言行举止违反校规校纪的时候,你有否想过会给集体造成什么样的影响、给别人带来什么样的伤害?即使你觉得目前正在学习的内容没有用,但有一点你不能否认的就是好好思考一下:这样做对吗?

要改变自己的“想法”,也就是所谓的“更新观念”。什么想法呢?不要期待环境为你而变,而要争取尽快地改变自己来适应环境(“适者生存”。达尔文语);要改变自己的行为和行动:学习是一种生存方式,是成长的必经之路。学习各种生活自主方式,学习和人交往、沟通、交流情感。学习如何面对压力,对抗挫折,学习怎样调节情绪,学习如何在竞争中立于不败之地。

有些同学,特别是新同学,对学校还不适应,在新环境中感到无所适从,情绪上出现了波动,如果不喜欢,你就会很反感,不愿意去做,那么你就会很痛苦,很压抑。适应一个环境,个人的心态很重要的,希望这些同学尽快调整自己的心态。很多人认为,人好是由于环境和教育好,不好是由于环境和教育不好,一个人由好变坏或由坏变好,是由于改变了环境和教育的结果。人能改变环境,环境亦能改变人。

如今,我们所处的是竞争时代,是一个优胜劣汰、适者生存的年代。面临新的环境对人事物还是陌生对自己的不熟的事情,或碰到难解的事情,用诚心去问一下,人嘛,我感觉不管你到哪里只要你先开口,什么事就可以解决,慢慢就会进入状态。一个刚出学校的学生想要适应社会就得随着环境的改变而改变自己,毕竟最好是我们去适应环境,不是等环境来适应我们,否则就要被社会所淘汰。在没有机会的时候,那就去完善自己;机会在于自己的发现和把握,而不是等待别人的帮助或是祈求神灵的恩赐。

不管世界怎么样变化,人总是要想办法适应这个世界的。人与环境是相互关联的,就和“水能载舟,亦能覆舟”是一样的道理。

心灵悄悄话
XIN LING QIAO QIAO HUA

> 一个人要发挥其专长,如果脱离社会环境的需要,其专长也就失去了价值。因此,我们要根据社会得需要,决定自己的行动,更好去发挥自己的专长。

让心情在美景中徜徉

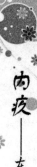

“人生就像一次旅行,不必在乎目的地,在乎的是沿途的风景以及看风景的心情!”人生怎样才能够真正做到如此的豁达?

人生是一段旅程,在旅行中遇到的每一个人、每一件事与每一个美丽景色,都有可能成为一生中难忘的风景。一路走来,我们无法猜测将会迎接什么样的风景,没有预兆目的地在哪,可是前进的脚步却始终不能停下,因为时间不允许我们在任何地方停留,只有在前进中不断学会选择,学会体会,学会欣赏。

人生这次旅行的起点我们不能选择,而终点我们不能阻止出现,过程却在我们自己脚下。自出生那一刻起,就开始了慢慢地人生旅程。没有一条路没有风雨没有坎坷,也没有一条路始终是黑暗没有光亮。不管是阳光灿烂还是风雨交加,在时间的流逝中,都将是成为旅程中的一部分回忆,既然选择了,就得走下去,并且要走的好。只有随时保持足够的信心和勇气,才能不断前进,寻找到更多更美好的风景。

美丽缤纷的风景,就像人生的快乐幸福,能够将生命点亮,丰富人生的美好记忆。而崎岖泥泞的阻碍,就像人生的困惑悲伤,会让前进的脚步沉重,可是也同时磨砺意志,积累经验,使人能更好地迈开下一步。旅行不会因为美丽的风景就终止,再华丽绚烂也是要经过的,如果想在此刻就停留,那么就会错过更多更好的风景。同样,不管是多么可怕的风雨,也不会是持续整个旅途。坚持前进的脚步,相信不久就会迎来彩虹。用欣赏风景的心情迈开每一步,将阳光或是风雨都收进背后的行囊,人生的旅程定会丰富而精彩!

不同的心情,也会看到不同的风景。再美的风景,如果没有好的心情,就不能感受到其中的韵味。再糟糕的风景,只要有乐观的态度去面对,那么困难也会当成是锻炼的机会。在人生的旅行中,走过的路都将成为背后的风景，不能回头，不能停留，那么就不如享受每一刻的感觉，欣赏每一处的风景。当我们要想欣赏左边的群山，就要放弃右边的平原；要想欣赏右边的大海，就得放弃左边的小溪。有得必有失这是大自然永恒的规律。我们要懂得放弃，放弃从另一个角度讲或许是一种成功。但是我们要懂得珍惜自己现在拥有的。陶醉于群山时，不要想着平原；沉迷于小溪时，不要还想着大海。在人生这趟旅行中，我们会得到很多很多，我们也会失去很多很多，但是我们不会为我们的失去而后悔。因为我们曾经奋斗过，曾经拥有过，我们做过人生这趟旅行，我们感受过生活的酸甜苦辣，我们无愧于我们的今生。

当然，在人生的旅行中们也离不开旅伴和朋友。朋友是我们站在窗前欣赏冬日飘零的雪花时手中捧着的一盏热茶；朋友是我们走在夏日大雨滂沱中时手里撑着的一把雨伞；朋友是春日来临时吹开我们心中冬的郁闷的那一丝春风；朋友是收获季节里我们陶醉在秋日私语中的那杯美酒。

人生就短短的这几十年如流星一闪而过。在此你将会遇到你一生所要遇到的人，经历一生所必须经历的事。其中有很多的人只是暂时和你同路，和你一起度过你段时间，就像你会认识许多朋友，他们就在你的身旁。同时一定会有一个人和你坐一起，从认识到熟悉到决定和你一起旅行。愿意和你一起享受旅途的快乐，一起分担旅途的艰辛，虽然你们的旅途终点不同。当然这些人中有好人也有坏人。要是做了坏事，就得受到惩罚，好人总会有好报的，你对周围的人微笑，周围的人会回报你无数的微笑。反之也一样，就像佛教说的中什么因得什么果。所以我们得懂得和周围的人好好相处，懂得会欣赏沿途的风景。同时为了让旅途变得愉快，还得学会为大家做点什么。这就是人生，让我们好好珍惜吧。

生活总是在别处的心路历程注定了人生路途的孤独。“我从哪里来，将往何处去”，对前景的茫然“路漫漫其修远兮，吾将上下而求索”，有志者都是踏着儿时的梦想一路走来，那时我们都编织了一个个美好的梦，成为一名科学家、诗人等等。从孩提时代到弱冠年华，从而立之年到不惑、知命、花甲之年，理想随着年龄的增长时常翻新，然而追逐梦想的心却从未改变。

我们在工作和学习中会取得一些成绩，但有时候我们未来得及停留便匆匆地重新上路。在暂时的成功即将到来时，我们就早已经确定向未来出发。人生没有彻头彻尾的失败，也没有百分百的成功。回首往事，多少事想做而未做；面对未来，还有很多事准备去做。生活在别处也给了我们的希望和力量。正因为如此，我们对生活便有了更多的期待，我们期待成功期待美好的人生。一切经历漫长岁月过滤而沉淀于记忆深处的东西，都有它特别值得品味的审美价值。所以当我们经受磨难、艰辛、坎坷的时候，坚信这只是个过程，很快就会过去；当你享受美满时要清醒，这也不会是永恒，而要做好转换场景的准备。

保持一份平和，一份清醒，可以身居闹市而自辟宁静，固守自我而品尝喧嚣，在人生无论长或短的旅程中，全然切断时间的概念，享受悠闲，享受过程。欣赏岁月的沉淀和时间的幽深，不辜负我们不期而遇的各种光景。

心灵悄悄话
XIN LING QIAO QIAO HUA

在人生的路上迈着温和中包含着刚健的步伐，在渐进中积累回忆和纪念，在没有追悔的期待中完成行程，才算不虚此生、不虚此行！

从零开始,经营人生

上帝把1、2、3、4、5、6、7、8、9、0十个数字摆出来,让面前10个人去取,说道:“一人只能取一个。”

人们争先恐后地拥上去,把9、8、7、6、5、4、3都抢走了。

取到2和1的人,都说自己运气不好。

可是,有一个人却心甘情愿地取走了0。

别人说他傻:“拿个0有什么用?”

别人笑他痴:“0是什么也没有呀!要它干啥?”

这个人说:“从0开始嘛!”便埋头苦干,孜孜不倦地干起来。

他获得1,有0便成为10;他获得5,有0便成了50。

他把0加在他获得的数字后面,便十倍十倍地增加。他终于成为最富有的、最成功的人。

为什么你不敢将梦想付诸行动?是因为觉得为时已晚,还是害怕失败?别着急,现在开始为时不晚!从零开始,经营自己的人生,也许将会收获更多。

人生在世,人们总是追求自己想要的所求的。他们为了自己的目标,永不停息的努力。但追求是无止境的,只有掌握的了正确方向,在有限的范围之内,方能到达自己的理想彼岸,否则就会落入万丈深渊。所谓追求是用积极的行动来争取达到某种目的。

有的人追求漂亮时髦;而有的人却追求真理。也许有的人会认为,追求就那么重要吗?有位哲人说:“没有追求的人不是完整意义上的人!”难道不是吗?只有有了追求,人们才不至于盲目。

显然,只有追求,才会有进步,只有时步,社会才会发展。在乞丐的眼中,他们追求的是有口饭吃;在百万富翁眼中,他们追求的是不尽的财富;而在我们眼中,追求的是更加丰富的知识。这样,在今后的教学中才不至于犯下误人子弟的罪名。我想,有了知识就有了更多的财富,也就有了更多的追求。无止境的追求,让你在社会中立足。虽然你有更多的追求,但绝不能超过自己的有限能力。若是越过这道界线,将成为纸上谈兵,毫无实际意义。

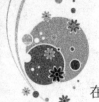

在当今社会,追求无时不在,有的人为了追求恋人而撞得头破血流,有的人为了追求更好的生活而四处奔波,有的人为了工作而努力奋斗……那么,现代人追求的到底是什么呢?无外乎一份随心所欲舒坦自然。

在追求目标时还要把握好选择度。我们在自己的奋斗和追求过程中,应为自己定好坐标,通盘审视,在适宜发展的情况下,就要当机立断,莫要迟疑,选择出属于自己的那束“麦穗”。千万不要左挑右选,挑花了眼,挑走了眼,其结果事与愿违,高不成低不就。

有位文学爱好者,他定了一个合适的目标,当一名作家,最终找到自己的那只“青鸟”。当时,人人都认为他是在做白日梦,用尽各种语言来打击他,贬低他。正在这时候,他曾想放弃,但正是由于他的追求的魅力,他坚持了下去,没抱怨,因为他知道:“人生哪能无忧无愁,抱怨不如多奋斗。”于是他用实际行动,证明他的追求目标是可以达到的。就这样,他圆了他的文学梦。许多和他一样的年轻人在随波逐流的时候,他却在为了他的追求而努力拼搏。

没有方向的帆船,永远到达不了理想的彼岸。这道理是不言自明的。有了追求,明天就会更加灿烂、辉煌,这体现了追求的重要性。

心灵悄悄话

XIN LING QIAO QIAO HUA

让我们以毅力作桨,信念为风,理想为船,以小河流为起点,历经大风波浪风雨无限之后,定会抵达理想的彼岸。

第四篇 多想你拥有的

素蝶不贪于花海的纷繁，遇蜂躲藏，翩游于天地之间；露珠不贪于阳光的璀璨，清晨跃现，折射出动人的光辉；流水不贪于芳香的花草，持之以恒，汇入大海的怀抱。不贪于富贵，不轻视贫贱。生活是涓涓的流水，我们是生命河畔的孑然行者，顺流从之抑或逆流溯之。我们时常惊诧于那水边的珍珠、感叹那海中的礁石。生活中，知足者常乐，属于你的珍珠只会为你发光，不属于你的礁石也不会阻碍你的前行，从生活中的点滴学会知足，心灵就会宁静。

拥有一颗平常心

人生来就很平常，平常的人才是正常的人，正常的人才能拥有一颗平常的心。拥有平常心的人才能体会到满足是一种快乐。满足是阶段性成果的肯定，是人生过程的一个休止符，是从一个平台走向另一个更高平台的短暂休憩。满足不是安于现状，不是急流勇退，更不是一个圆满的句号，满足是一个调节。

不懂得满足的人是不会生活的人，他将受累于生活；不懂得满足的人是不会工作的人，他将重负于工作；不懂得满足的人是不会真爱的人，他将困惑于爱情。学会了满足才能对美好生活产生憧憬，学会了满足才能容忍和接纳并不认同而又附于实际生活的存在，学会了满足才能充分享受快乐所带来的种种愉悦。

拥有平常心的人才能体会到放弃是一种幸福。放弃是至高的境界，是在左右掂量、反复论证后的一种慎重的战略选择。放弃不是自暴自弃，不是简单的丢弃，更不是不思进取、碌碌无为的颓废。

不会放弃的人是不会工作的人，不懂得放弃的人就不懂得在某些特定工作环境中放弃的稍倾停顿的积极作用；不会放弃的人是不会生活的人，就不懂得放弃在实际生活中丢与得的辩证关系。不会放弃的人将永远置于无为的圈子中悲观失望、怨嗟长叹。学会了放弃将会得到意外的惊喜和收获，有时候当你放弃了阳光，你将会得到喜雨的滋润，当你放弃了雨季，你将会得到阳光的温暖。学会了放弃你才能真正地品味幸福，你才能愉快地融入纷繁复杂而又多姿多彩的世界。

拥有平常心的人才能体会到淡泊是一种享受。淡泊是一种心境，是思想经过历练后高素质的修养。淡泊不是看破红尘，不是对人间一切事物的否定，更不是思想麻木、无所作为的得过且过。不会淡泊的人必将为生活所不受，不懂得“青菜豆腐”与“朱门酒肉”是一样的养活人；不会淡泊的人必将为工作所不受，不懂得“两弹一星”与“高官厚禄”是一样的永载史册；不会淡泊的人必将是伤痕累累心绪煎熬而憔悴不堪。学会淡泊将会使心灵净化成晶莹剔透毫无杂质的宝玉；学会淡泊才能如鱼得水，自由自在地欣赏不可多得的美妙世界；学会淡泊才能得意时而不张扬，失意时而不消沉。学会淡泊才能得到实实在在心安理得的享受。

一个小沙弥问一位高僧：“师傅，你悟道修行、修身养性有秘诀吗？”

高僧答道：“有。”

“那么你的秘诀是什么呢？”小沙弥继续问道。

高僧答：“我感觉饿的时候就吃饭，感觉疲倦的时候就睡觉。”

“可是，这算什么与众不同的秘诀呢？每个人都是这样啊。”

高僧答：“当然是不一样的！他们吃饭时总是想着别的事情，不专心吃饭；他们睡觉时总是做梦，睡不安稳。而我吃饭就是吃饭，什么也不想；我睡觉的时候就是睡觉，所以睡得安稳。这就是我与众不同的地方。”

高僧继续说道：“世人很难做到一心一用，他们在利害得失中穿梭，无法用一颗平常心对待浮华的宠辱，产生了‘种种思量’和‘千般妄想’。他们在生命的表层停留不前，这是他们生命中最大的障碍，他们因此迷失了自己，丧失了‘平常心’。要知道，只有将心灵融入世界，用心去感受生命，才能找到生命的真谛。”

由此可见，无杂念的心才是真正的平常心。这需要修行，需要磨炼，一旦我们达到了这种境界，就能在任何场合下，保持最佳的心理状态，充分发挥自己的水平，施展自己的才华，从而实现完满的“自我”。

心灵悄悄话

XIN LING QIAO QIAO HUA

人们常因为功利心而疲于奔命，其实我们应该学会以一种平常心来对待世事，将功名利禄看穿，将胜负成败看透，才能感受生命的真谛，才能活得更轻松。

静静的体验幸福

素蝶不贪于花海的纷繁，遇蜂躲藏，翩游于天地之间；露珠不贪于阳光的璀璨，清晨跃现，折射出动人的光辉；流水不贪于芳香的花草，持之以恒，汇入大海的怀抱。

生活中，我们不免会抱怨一些事情，譬如：哎，还要做作业抑或怎么就这么点？其实，太多太多事情，我们只需换个角度思考，你就会发现自己是幸福的。我们做人，要知足常乐。

知足常乐，你可以品味生活中的点滴。不贪于富贵，不轻视贫贱。生活是涓涓的流水，我们是生命河畔的孑然行者，顺流从之抑或逆流溯之。我们时常惊诧于那水边的珍珠、感叹那海中的礁石。生活中，知足者常乐，属于你的珍珠只会为你发光，不属于你的礁石也不会阻碍你的前行，从生活中的点滴学会知足，心灵就会宁静。

知足常乐，你可以感动于生活中的点滴。什么样的爱才打动人心？答曰：最平凡的爱。感动，不必乞求于惊天地泣鬼神的豪迈，只求源自生活中的最平凡的感动，这就是知足常乐。当两眼昏花的母亲为远航的游子缝补衣服，当地震灾区的人们听得到句句问候的话语，当夜深人静走过灯光依旧的老师的窗前，当……太多太多的点滴让我们感动，因此，知足常乐，感动源自生活。

人有羁旅之苦，思乡之梦，大雁也如此。我惊讶于大雁飞过的每一方苍穹上的痕迹，我也惊讶于生活中每一个鼓励的眼神。知足常乐，为生活中的小惊喜而欢呼，才能获得心灵的舞动。

知足常乐，我们不乞求获得太多。正如女作家大海上捕鱼的渔夫，过度的贪婪只会造成人格的卑贱。

知足常乐，我们只求在生活中寻找快乐。正如女作家宗璞感动于紫藤萝的波涛，我们需留意花谢与花开。

知足常乐，我们才能彰显生命的魅力。正如徐本禹在平凡的闪存岗位上安乐，用奉献诠释出生命的意义。

有一位年轻人，自己的房子在一场大水灾里被冲走了！家也毁了！于是，他孑然一身，流落他乡！有一天，他来到一个村子，终于体力不支，晕过去了，这时，一位好心人把他救醒了！这位好心人收留了他几天，然后把一支鱼竿送给他，说道："我实在不能长久帮助您！这里有一支鱼竿，在这里往前去不远，那里有一个湖还有一间废置的破屋，你到那里去找生活，安居乐业吧！"

流浪人连忙向他感谢万分，他觉得自己绝处逢生，心里无限的欣慰！年轻人从此勤奋工作，他靠湖里的鱼还有屋旁的耕作，勉强维持生计，养活自己！有一天，他在垂钓时，忽然，发现自己的鱼钩好像钩住了什么重物，于是他使尽力气把它拉上来！不久，他终于把它拉上来了！他差点被惊呆了！原来拉上来的鱼钩竟然钩着一个金光闪闪的金锅子！

他喜出望外，他知道命运要改变了！他变卖了金锅子，换了许多银子，他从此盖了大房子，又娶了妻子，又买了田产，他又雇了几位勇将保护着他家和那一面湖，不准他人来湖里垂钓！荣华富贵的日子让他乐不可支，靠着田产，他越来越富裕了！

然而，他渐渐发觉自己目前的财产，妻子，还有各种享受对他来说越来越乏味了！他觉得还要更多的田产，还要有更多的妻妾和更多的用人来侍候他！

有一天，他想到："这湖里肯定还有藏着更多的宝物，那会仅仅只有那么一个金锅子呢？"于是，他雇用了很多工人，要他们潜下湖里去寻找，希望打捞出更多的宝物！于是，他们每天不断寻找！有一天，果然有一位工人寻获了一个金铲子！这时，富人更加雄心万丈，兴致勃勃了！他想；这回我要成为世上最富有的人了！于是，他雇用了更多的工人来进行工作！

就在这段日子里，雨季来临了！天一直下着雨，雨势越来越大越绵密！富人还是没有停止他的计划！渐渐湖水涨起来了！一位位工人都不肯继续工作，离他而去了！

有一天，湖水泛滥了，开始淹进他家里了！妻子劝他快点逃跑，但富人不肯离去，他依然发着黄金梦，他一定要成为世上最富有的那一位！最后，妻子、工人都逃离了！水淹到了屋顶，富人这时坐在小小的一方屋顶空间上！还在喊着："我还会有很多的金铲子、金锅子，天啊！帮帮我啊！"这时，天边传来声音！他听到天帝果然回应他，为他唱了一首偈子："穷人啊！他要一点点东西，富有人啊！他要更多东西！贪心人啊！他要所有东西！"

心灵悄悄话

XIN LING QIAO QIAO HUA

学会知足常乐吧，朋友，假期在家，想想在校时那回家的急切的心，你还会说在家无聊吗？知足常乐，我们用心体验幸福。

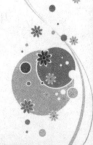

更深地去了解自己

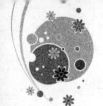

那么,我们如何才能加深对自己的了解呢?

亨利·沃德·比彻尔说:“一个人需要思考的,不是自己应该得到什么,而是自己是什么。”许多知名的企业家、作家、演员和运动员都曾经谈论过,我们的自我形象会如何影响我们所要做的每一件事情。甚至有的人说,那是人类所有成就中最重要的单一因素。美国著名的整形外科专家马克斯威尔·莫尔兹博士发现有一些病人在做过整形手术后,会经历重大的人格变化。但是在其他的一些个案里,即使是相当戏剧化的手术结果,病人还是把自己看成是一个丑陋的或是无能的人,外在形象的改变对于真正的问题还是毫无影响。他们内在的自我形象,也就是他们对自己的信念,还是依然未变。于是,莫尔兹博士试着让他们忽略自己的肉体,而去改变对内在自我的态度,这终于让人看到了卓越的成果。

你也许会说,我对自己的认识已经很清楚了。是的,透过镜子,也许可以看到一个你平时看不到的自己,却难以直视内心里的那个你。你现在应该问的是:你究竟有多了解你自己?你对自我形象的固有认识对你的成功有帮助吗?

让我们来做个试验。

首先,你需要把能够描述你自己的一切特征或人格特质,以及相信你自己是什么样的人的想法都写出来。请注意:不是你认为别人会如何看你,而是你如何看你自己,把这些以任意的顺序写出来。我们的人格都有多个方向,而每一个方向对于我们的行为和我们的成就,都会有一些影响。如果你想开始得容易一点,就按下面这个技巧去做——先写出你觉得足以描述你自己的一些词语(如“老实”或“自信”),或多字词语(如“专心致志”或“心胸开阔”)。

接着,要注意,写的时候要用你平时不惯用的那只手,例如,如果你是惯用右手的话,就用你的左手,以此类推。这样做也许会有困难,而且你也许必须要把字写得大大的,但是只要你继续做下去,你就会发现,事情变得越来越容易了。只要你在事后能够将每一个字辨认出来,你就不需要为你的字写得歪歪扭扭而操心。现在就开始写出你的清单吧,给自己足够的时间。如果你在做这件事的时候能够保持放松的话,是会有帮助的。当你减少了有意识的左脑的干扰之后,更深入的、诚实的洞察就会显现出来。

人的大脑的左半边与语言和逻辑有关,而右半边则与直觉和感觉有关。你惯用的那只手和你身体的同一边,都是由你的大脑的另一边来指挥的,例如,你的右手和右半边由左脑来指挥。因此,当你在做上述试验的时候,你的左右脑中比较不惯用或属于潜意识的那一边会在某种程度上被运用出来。这个简单的试验可以从意识下带出一些洞察,而这些洞察,如果你用自己惯用的那只手来写的话,可能就会写不出来了。只有当它们被你发现了,你才会意识到它们是真实的。你最先所写的一些勉强可以认得出来的字,也许是可以预测的,而且也和你用较常用的手写出来的那些是一致的。但是当你继续写你的清单,并且容许你的潜意识自由发挥的时候,你就会得到更多具有透露性的自我形象的词语了。当有明显的矛盾——即对平时的印象构成巨大冲突——发生的时候,你需要对自己完全的诚实,分辨哪一个才是真正适用的。通常使用惯用的手所写出来的那张清单,看起来会像是为了供"大众消费"而写的,并不会明确指出更深层的自我信念。例如,你用惯用的手写出来的"聪明",在用非惯用的手来写时,就可能变成"圆滑",甚至是"投机取巧"。在很多试验的例子中,亲戚和亲近的朋友会确认说,用非惯用的手所写出来的比较接近事实。

仔细审视你单子上所列的每一个词语,如果你不能够确定你所写下来的某一些词语的确定意义,试着把每一个词都用一个句子来加以表达——不过你要再次用你非惯用的那一只手来写。这些词语的每一个都可以予以扩大,成为一个或更多的特定概念的叙述句。例如,"友好"可能会包括"我喜欢别人来我家做客"这个特定的信念,而"脚踏实地"则可能涵盖"我很会自己动手做东西"。这一些使用非惯用的手写下来并且扩大成为更明显的句子的信念,才是有可能解释你的行为和结果的信念,而不是那些你立刻就可以察觉的少数信念。

接下来是"自我催眠",将每一个信念都放在你的心里来加以测试。首先，先选择一个你认为是正面的信念，然后想象你自己现在正处于这样一个实际发生的状况，而且在这个状况里，你的这个信念正在付诸实现。举例来说，如果你很擅长于吸引儿童的兴趣，比如讲故事、唱儿歌，你就想象你自己正在这样做，而且正在享受自己做得很好的感觉。这个例子也许正是受到你的清单上“友好的”或“令人喜欢的”这些词语激发而产生出来的。为了让感受更真实，你需要想象一些视觉上的东西——可以是小孩的脸、故事书以及你周围的任何事物。如果你可以感觉自己听到的任何声音，包括你自己讲话、唱歌的声音，或是体验到任何与你正在做的事情有关的感觉，那么这种真实性就更为强烈了。换句话说，你最好动用起自己的感官，必要时五种都要用到，其中视觉、听觉和感觉是最为重要的。这种感觉很像是自我的催眠，你必须让自己先进入一个放松的状态。

现在将情景转到一些不会令你觉得喜悦的事情——也就是那些负面的自我信念上来。举例来说，你的同事正在热烈讨论着什么，但你却插不上嘴，你不喜欢看到自己正在这么做或处于这样的状态。这也许就是“拘束的”“害羞的”“难以交流的”这些词语所激发出来的。你可以回想一次过去的不好的经历，也可以去想象未来可能会发生的一个事情，如同上面一样，把它感觉得越真实越好。

通过上述的两个步骤，你已经体验到自己的两个不同的形象——正面的和负面的，分别反映出某一个特定的自我信念。把这两种想象加以比较，你会开始看到一些差异。这并不是指这两个情景在内容方面的差异（如讲故事、唱儿歌和难与同事交流两个事情上的差异），而是视觉、听觉和感觉等方面的差异。

心灵悄悄话

XIN LING QIAO QIAO HUA

也许这是你第一次了解自己对自己的感觉，了解你的自我形象。在重新审视之后，你就可以运用那些令人产生力量的词语，创造你希望拥有的信念，改变那些不再有用的信念，进而把自己的潜能开发出来。

好心情不是先天造就的

人生的得与失,成与败,繁华与落寞不过是过眼烟云。而永远陪伴我们一生,如影随形、不离不弃的只有心情;如同呼吸,伴你一生的心情是你唯一不能被剥夺的财富。一位作家说得好:“人,活一辈子不容易,忧伤是活,开心也是活,既然都是活,为什么不开开心地生活呢?”是啊,人生如梦,生命再长,也不过百年,为什么要让自己幽怨、颓废、痛苦一生,而辜负这大好年华呢?

父母给予我们生命和爱,可他们迟早会衰老;金钱是水中的浮萍,时聚时散;美丽的容貌是绿树上芬芳的花朵,适时绽放、无奈凋谢;健康是魔术大师,能变晴也能变阴;繁华更像是梦一场,曲终人散,觥筹交错的热闹犹如水中影镜中花,没等看清,记住梦的内容,就醒了。原来,能伴随我们一生的是自己的心情啊!所以,拥有好心情便是人生最大乐事、最幸福的事。

当你拥有一份好心情时,看天是蓝的,云是白的,山是青的,人是善良的,世界是绚丽多彩的;拥有一份好心情,唱唱快乐的歌,跳跳动感的舞,身体充满无限的激情,有使自己尽情宣泄,直至大汗淋漓、筋疲力尽而后快之感;拥有一份好心情,看什么书都好看,有实现自己伟大事业自信的力量源泉;拥有一份好心情,能化干戈为玉帛,化疾病为健康;拥有一份好心情,则任何年龄的容颜,都会被好心情照亮,美丽动人而魅力无穷;拥有一份好心情,能帮你获得学识,交结良师益友,把握机遇,缔造和谐,成就事业……

要使我们天天拥有一份好心情,必须心胸开阔,宽以待人。朱德元帅曾有诗云:“开心常见胆,破腹任人钻,腹中天地宽,常有渡人船。”一个人有了如此宽广、豁达的心境,遇事就能“拿得起,放得下”,就能驱散忧虑、恐惧、烦恼、苦闷等萦绕心头的乌云,没有什么“想不开”的事,精神自然会轻松而愉快,心境自然会美好而宽广,就能大度处世,平和待人,营造一个融洽和谐的人际关系。

作家毕淑敏曾说过:“人可能没有爱情,可能没有自由,没有健康,没有金钱,但我们必须有心情。”如果你渴望拥有健康和美丽,如果你想珍惜生命中每一寸光阴,如果你愿意为这个世界增添欢乐与晴朗,如果你即使你跌倒也要面向太阳,就请锻造心情,让我们沉稳宁静广博透明的心,覆盖生命的每一个黎明和夜晚。是的,上苍给予我们一样的生命,我们却选择了不尽一样的生活方式。我们可能活的不高贵,但我们完全可以活的高尚;我们可能无法逃避厄运或人生包含的应有棘手的问题,但我们可以从容豁达。

心情,是一种感情状态,是一个人对外界各种因素作用于内心的一种感知,感觉和感叹。人只要活着,这种状态就不会消失。心情的历练,是一种自我的超越;心情的锻造,是一种完美的追求。但好的心情不是与生俱来,不会从天而降,更不会一蹴而就的。他是一个人的品质、人格、道德修养、才能综合素质的酿造;好的心情,来源于一个人能否守住一颗沉稳宁静广博透明的心。世间百态,物欲横流,不为诱惑所动,不为攀比所烦,自然心情就会好。让好心情相伴一生,这才是人生最大的财富。

拥有了好心情,也就拥有了自信,继而拥有了年轻和健康,就会对未来生活充满向往,充满期待。让我们拥有一份好心情吧,因为生活着就是幸运和快乐。给自己一份好心情,让世界对着你微笑;给别人一份好心情,让生活对我们微笑。

好心情不是先天造就的,也不是上苍赐予的,它是人格、品德、教养、才能的综合指数,它由渐悟而顿悟,由领悟到觉悟,它是修炼成正果。母育的是身躯,修炼的是心情。心情它需要不断呵护、调理、滋润、丰盈。

心灵悄悄话

XIN LING QIAO QIAO HUA

不在活得长久,而在活得开心,开心是福,让好心情与我们时时相伴。

拥有家就拥有爱

家是什么？是一束温暖的阳光，可以融化掉心上的冰雪寒霜；是一盏明灯，可以照亮夜行人晚归的路程；是一个温馨的港湾，可以遮挡人生中不可避免的风风雨雨；是一潭清澈的溪水，能够洗涤掉繁杂的世事回归安静的心灵；是一阵清风，可以拂去烦恼和忧伤；更是那一缕情丝，穿透人生的每一个角落……

家是宁静的，家是温暖的，家是甜蜜的，家也是安定的。家可能不华丽，但一定要雅致。那点点滴滴的幸福，实实在在的欢乐，时刻都可以把家装扮得暖意融融。家可能不富裕，但一定要洋溢着爱和情，一句贴心的话，是浓浓的亲情、厚重的给予。

家是一座充满爱的房子。即便豪华也不失温情，即便朴素也有美丽的憧憬，房子里应该充满欢声笑语，充满和谐温馨，而不是冷冷冰冰，磕磕绊绊。或许两个素不相识的人就组成了一个家，但这就是一种缘，每一个人在这座房子里都有着无可替代的位置，缺少了谁都是今生的遗憾。

家是一个放松的地方，让人心情舒畅，怡然自得。累了，烦了，伤了，痛了……你都可以在家中找到释放的空间。回到家，可以听几首舒缓的音乐，静坐冥思；也可以饮一杯幽香的清茶，和家人分担你的苦恼。

此时的家就像是一条清澈的小溪，缓缓地流过心田，没有人会去打扰那安静，没有人会去破坏那清澈。家就是下里巴人，虽然俗，虽然朴素，但却不可或缺。就像生活一样，虽然琐碎，虽然繁杂，可是却真实、诚挚。

家是一个温馨的港湾，无论何时，双方都能体会到浓浓的温暖存在。用心关爱生命中的另一半。既然他是选定的终身伴侣，就要用一生的时间去不断地了解他，读懂他。有家的人，对家总是如此依恋，依恋回家，依恋家里的人，在家里，你可以完全敞开心扉，你可以完全拥有信任，你可以充分得到理解，我们使家充溢着幸福，家就足以让我们感到满足。

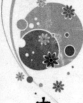

家是什么？家就是人生最美的拥有。她是一份牵挂中蕴涵的一点温暖，她是一丝温柔中隐藏的一份宁静，她是一份体贴中表达的一丝情谊……她是尊重、信任和宽容……

还有什么理由不幸福呢？因为，我们都可以拥有一个家。

有的人活得沮丧，是因为他不能放下。

有的人活得失望，是因为他有太多的欲望。

有的人活得痛苦，是因为他不懂得拥有。

在我们这个世界，许多人都认为，家是一间房子或一个庭院。然而，当你或你的亲人一旦从那里搬走，一旦那里失去了温馨和亲情，你还认为那儿是家吗？对名人来说，那里是故居；对一般老百姓来说，只能说曾在那里住过，那里已不再是家了。

家是什么？

1983年，发生在卢旺达的一个真实的故事，也许能给家做一个贴切的注解。

卢旺达内战期间，有一个叫热拉尔的人，37岁，他的一家有40口人，父亲，兄弟，姐妹，妻儿几乎全部离散丧生，最后，绝望的热拉尔打听到5岁的小女儿还活着，于是辗转数地，冒着生命的危险找到了自己亲生骨肉，他悲喜交加，将女儿紧紧地搂在怀里，第一句话就是："我又有家了。"

心灵悄悄话

XIN LING QIAO QIAO HUA

人往往是不懂得去珍惜或忽略自己所拥有的，而总把精力放在自己得不到的或是不属于自己的事物上，直到失去自己所拥有的，才知道什么是珍贵的，什么是自己所要的。

现在拥有的就是幸福

世事无常,谁也不知道下一刻会发生什么事。所以,现在就是最幸福。

人生一路走来,总会遇到很多风景,会遇到很多人。如果说人生是一段路程,总会有人在半途离你而去,也会有人与你相遇。谁也不能阻挡时间的流逝,所以,在这分分合合的旅程里,你学会了吗?

请保持微笑,感谢现在你拥有的。现在,你应该高兴,因为你很健康,不像别人在经历病痛;现在你应该庆幸,因为你还活着,还可以享受活着的美好;现在你应该开心,因为即使谁也不懂你,但是在这个世界还有那么多人陪着你。你,不曾是一个人。

世界上最美好的东西不是得不到的,也不是已失去的,而是现在拥有的。现在拥有的都是世界上独一无二的。如果你错过了,那么你就会永远错过了。一个人不可能两次进入同一条河。一个转身,早已是物是人非。不是他们对你不忠诚,而是你错过了时机。

有人跟我说,如果时间可以重来,她只想珍惜她眼下所拥有的,而不是去追求得不到的。人生不过几十年,谁也捉摸不准下一秒是不是最后一秒,也不知道下一秒又会突然错过了哪个人。而过去已经过去了,即使一直很用力地奔跑,你也追不回来逝去的东西。只有现在,手里握着的才是最真实的,才是真正是属于自己的。现在拥有就是一种幸福。所以,她一直很幸福,因为她懂得什么是幸福。

不否认执着的美好,相反我还是很欣赏它的。但是经历一段揪心的丧亲之痛后,突然发现自己开始懂得了,要珍惜现在。因为现在拥有的,在下一秒的意义已经不同了。我很珍惜现在的分分秒秒,学会用感恩的心去对待现在的每件事。因为,它们现在都是我能握住的。

把握你所拥有的,治疗人生隐疼的伤口。感到累时,请你不要叹息,因你拥有临窗凭望烟柳画桥,流水淙淙的浪漫心境;感到苦时,请你不要哭泣,因你拥有倚楼倾听乳燕呢喃，风铃叮叮的温婉心灵；感到忧时，请你不要放弃，因你拥有冲破惶惑不安，荆棘刺痛的坚韧信念。

从朦胧的岁月走到现在，你时时拾起珍贵的，收藏在心中那一隅纯洁的领地，为自己所拥有。把握你所拥有的，让它为你的生命悠悠荡开一道美丽的风景线吧！

把握你所拥有的，沿着歌声，走过群山，走过江海，从东走向西，从秋走到夏，天上人间，无论走到哪里，你都能手持铿锵的鼓，敲响于一段幸福而漫长的旅途……

幸福就是现在。现在，你感觉到幸福吗？

美国的天堂动物园里，新去了一个喂河马的饲养员。老饲养员给他上的第一堂课，让他有点接受不了。听起来也确实有点离奇。老饲养员告诉他，不要喂河马过多的食物，不要怕它饿着，以免它长不大。新去的饲养员听了这话，十分纳闷。心想，世上怎么会有这种道理，为了让动物长大，而不要喂过多的食物。他没有听老饲养员的话，拼命地喂他的那只河马。在他喂养的河马前，到处都是食物。人们无不感到他的仁慈和善意。

但两个月后，他终于发现，他养的这只河马，真的没有长多大。而老饲养员不怎么喂的那一只，却长得飞快。他以为是两只河马自身的素质有差别。

老饲养员不说什么，跟他换着喂。不久，老饲养员的那只河马，又超过了他喂的河马。他大惑不解。

老饲养员这时才一语道破天机：你喂的那只河马，是太不缺食物，反而拿食物不当回事，根本不好好吃食，自然长不大。我的这一只，总是在食物缺乏中过生活，因此，它十分懂得珍惜，是珍惜使它有所获得，有了健壮。珍惜是一种正常的生命反应，甚至是一种促进，是生活中的需要，而不是离奇的假说。

日本的一家动物园里，一个常年喂养猴子的人，不是将食物好好地摆在那儿，而是费尽心思，将食物放在一个树洞里，猴子很难吃到。正因为吃不到，猴子反而想尽了办法要去吃，猴子整天为吃而琢磨，后来终于学会了用树枝努力地去够，把东西从树洞里够出来。

别人都很奇怪，对养猴子的人说，你不该如此喂养猴子。

养猴子的人却说，这种食物是很没有胃口的。平时，你给猴子摆在跟前，它连看都懒得看，它也根本不会去吃。你只有用这种办法去喂它，让它很费劲地够着吃，它才会去吃。你越是让它够不着，它才越会努力去够。正因为猴子们很难得到它，在得到它时，才会珍惜。是珍惜使不好的东西变为了好东西。

养猴子的人和养河马的人，从日常生活中都发现了一个真理，不能“好好”喂养他们的动物。或说不管怎样，得让他们有点费劲，学会去够，只有努力去够的东西，其实才是好东西。

生活中有许多我们并不需要的东西，但就是因为我们够着困难，又十分费劲，还不一定能够得着，我们才去珍惜，才觉得它贵重。天下有许多事，一旦容易了，就等于过剩，人们就会抛弃它。不管它是多，还是少，它的原有价值都会被降低。

人世间，什么是最好、最宝贵的？解释多种多样。但有一条是准确的，就是那些往往离我们最远，又最难够到的东西最为宝贵。当然，这些东西有时并非是我们真正需要的。因此，珍惜，在生活中永远潜藏着不可预知的变数。比如，我们常会付出极大的代价，把我们十分珍惜的东西想方设法弄到手，但在过后的日子里，我们却发现，这种千方百计弄来的东西并没有那么高的价值。我们最终常常是把这些东西放烂或是遗弃，但它却使我们懂得了珍惜，有了追求。生活中，我们正是因为懂得了珍惜，才使我们无处不获益。总之，拿一切“稀少”“难得”当成宝贝，对一切够不着的东西努力去够，是人类的本性。这种伟大的本性，也是生命不断延续下去的深奥秘密。

心灵悄悄话

XIN LING QIAO QIAO HUA

人生的路途，我们时常会被身边的风景迷住，于是就不顾一切地陷入其中，驻足停步，抛却了自己所拥有的，最后空怀一腔惆怅，满身伤痕，在冷冷清清的角落，默默咀嚼自己强摘的苦果。

第五篇 帮助别人就是帮助自己

爱默生说:“人生最美丽的补偿之一,就是人们真诚地帮助别人之后,同时也帮助了自己。”相信大家都听过这样一句话:“赠人玫瑰,手留余香。”这是说,我们在给予别人的同时,自己也会有收获。实际上,这并非一句空话。每个人都不是独立地存在这个世界上的,每个人都会遇到困难,遇到自己解决不了的问题。这个时候,我们就需要向别人求助。如果我们能得到别人帮助,那么我们就会心存感激,希望他日自己也可以为别人做些事情。同样,当我们帮助别人时,别人也会心存感激,希望他日伸出援助之手,帮助我们。

赠人玫瑰，手留余香

有个故事发生在抗美援朝时期。在一场异常激烈的战斗中，一架敌机正飞速地向阵地俯冲下来，正当班长准备卧倒时，突然发现离他四五米远处有一个小战士还在那儿直愣愣地站着。班长顾不上多想，一下子扑了过去，将小战士紧紧地压在身下。一声巨响过后，班长站起身来拍拍落在身上的泥土，正准备教育这位小战士，回头一看，惊呆了：刚才自己所处的那位置被炸成了一个大坑。

爱默生说；“人生最美丽的补偿之一，就是人们真诚地帮助别人之后，同时也帮助了自己。”我们在帮助别人的时候，也就是在帮助我们自己。

给，就是一种舍，我们在给别人的时候，就是在舍自己的某些东西，如时间、精力、关怀、财物等。而这些舍，同样会使我们得到。相信大家都听过这样一句话：“赠人玫瑰，手留余香。”这是说；我们在给予别人的同时，自己也会有收获。实际上，这并非一句空话。每个人都不是独立地存在这个世界上的，每个人都会遇到困难，遇到自己解决不了的问题。这个时候，我们就需要向别人求助。如果我们能得到别人帮助，那么我们就会心存感激，希望他日自己也可以为别人做些事情。同样，当我们帮助别人时，别人也会心存感激，希望他日伸出援助之手，帮助我们。

很多时候，人们会抱怨人际关系复杂，知心朋友难寻。造成这种局面的原因很多，但其中最重要的原因很可能是我们平日考虑自己过多，帮助别人太少。一个人平时不注重人际关系维护的人，很难有好人缘，“临时抱佛脚”只会给别人以“利用”之感。试问这样的人，又怎么能得到别人的信任和欢迎呢？别人又怎会对慷慨相待呢？只有平时对他人帮助，别人才会拿出真心对我们。

很多时候，人际关系的纠纷，都与利益有直接的关系。面对纠纷我们不能总是抱怨别人侵犯了我们的利益，而是应该反思自己是不是考虑过别人的利益。人说，与人方便，与己方便。只有我们给别人提供一些利益，我们才能维护自己的利益。有的时候，我们帮助别人只是举手之劳，但却能因此得到意外的机会和收获。就如当年费利因为让年迈的老太太避雨，却因此意外地得到了卡耐基的一笔订单一样（老太太是卡耐基的母亲，但费利当时并不知情）。如果我们经常对别人施以援手，难保不会遇到生命中的"贵人"。

所以，我们要舍弃一些不必要的自我意识，帮助别人做一些力所能及的事情。

查尔斯是纽约一家大银行的秘书，上司让他写一篇吞并另一家银行的可行报告。此事事关机密，他能找到能帮助他的人很少。经过了解，查尔斯发现有一个人可以帮助他，这个人就是在那家银行效力过几十年而现在是自己同事的威廉。

当查尔斯走进威廉的办公室时，威廉正在接听电话，他的面部表情显得很为难，对着电话说："亲爱的，这些天实在没有什么好邮票带给你了，过些日子我再带给你好不好?"放下电话，威廉解释说："我在为我那12岁的儿子搜集邮票。"

查尔斯在说明自己的意图之后，开始提问题，但是也许是威廉对自己过去的公司感情深厚的缘故，他的回答模棱两可、含混不清。查尔斯看出他不想说心里话，他知道，如果威廉不是真心想说，那么他好言相劝也是没有效果的，于是他不得不结束了这次谈话。显然，查尔斯无功而返。

开始的时候，查尔斯很着急，不知道该怎么办才好。情急之中。他想起了威廉打给儿子的电话。"他儿子喜欢集邮啊！我朋友在航空公司工作，曾经很喜欢收集世界各地的邮票，不如……

第二天早晨，查尔斯用一顿丰盛的法式大餐，换来了精美的邮票，他再次坐到了威廉的办公室前。这一次，威廉斯满脸笑意，一个劲儿地说："我的乔治会很喜欢的。"边说边不停地抚弄邮票。

接着，查尔斯与威廉花了一个多小时的时间谈论邮票，之后又看了威廉斯儿子的照片，让查尔斯都感到惊奇的是，没等他开口问威廉那家银行的情况，威廉自己就将知道的资料全部说了出来。不但如此，他还打电话给以前的同事，了解那家银行现在的情况，同事把一些事实、数据、报告等相关内容都告诉了他，他毫无保留地将这些内容都转告给了查尔斯。查尔斯顺利完成了可行性报告的撰写。

查尔斯因为帮助威廉得到了邮票，从而得到了威尔斯的鼎力相助，最终完成了报告的撰写。他帮助了别人，最终也帮助了自己。

心灵悄悄话
XIN LING QIAO QIAO HUA

帮助别人必须以不危及别人的自尊为前提，不然可能会收到相反的效果。另外，要先设身处地为别人着想，再提供帮助，只有这样，我们才能恰到好处地帮助别人，而不会出现好心办坏事的情况。

友情最珍贵

有一个人做了一个梦，梦中他来到一间二层楼的屋子。

进到第一层楼时，发现一张长长的大桌子，桌旁都坐着人，而桌子上摆满了丰盛的佳肴，可是没有一个人能吃得到，因为大家的手臂受到魔法师诅咒，全都变成了直的，手肘不能弯曲，而桌上的美食，夹不到口中，所以个个愁苦满面。但是他听到楼上却充满了欢愉的笑声，他好奇地上楼一看，同样的也有一群人，手肘也是不能弯曲，但是大家却吃得兴高采烈。原来每个人的手臂虽然不能伸直，但是因为对面的人彼此协助，互相帮助夹菜喂食，结果大家吃得很尽兴。

没有一个人可以不依靠别人而独立生活，这本是一个需要互相扶持的社会，先主动伸出友谊的手，你会发现原来四周有这么多的朋友。在生命的道路上我们更需要和其他的肢体互相扶持，一起共同成长。

人生如梦，岁月如歌。大千世界，红尘滚滚，一年又一年的风风雨雨，几许微笑，几丝忧伤，随着时间小河的流淌，许多人和事都付之东流去，但有一种人却随着时间的推移，你与他（她）的交往，如陈年酒香，沁人心肺。你与他（她）的友情是世上最珍贵的情感。这种友情是一种最纯洁、最高尚、最朴素、最平凡的感情，也是最浪漫、最动人、最坚实、最永恒的情感。不论在生活中还是网络里，人人都会有朋友，如果没有朋友情，生活就不会有悦耳的和音，就如死水一摊；友情无处不在，她伴随你左右，萦绕在你身边，和你共度一生。

有缘才能相遇，有心才能相知。芸芸众生、茫茫人海中，朋友能够彼此遇到，能够走到一起，彼此相互认识，相互了解，相互走近，实在是缘分。在人来人往、聚散分离的人生旅途中，在各自不同的生命轨迹上，在不同经历的心海中，能够彼此相遇、相聚、相逢，可以说是一种幸运，缘分不是时刻都会有的，应该珍惜得来不易的缘。

朋友相处是一种相互认可、相互仰慕、相互欣赏、相互感知的过程。对方的优点、长处、亮点、美感，都会映在你的脑海，尽收眼底，哪怕是朋友一点点的可贵，也会成为你向上的能量，成为你终身受益的动力和源泉。朋友的智慧、知识、能力、激情，是吸引你靠近的磁力和力量。同时你的一切也是朋友认识和感知的过程。朋友之间贵在真诚相待，诚则交之，疑则离之，自私自利、心术不正的人，不妨舍之。

真诚的友情是永恒的。“人不能老是行时，在你背时的时候，有人还了解你，就是知己了。”

朋友之间贵在互相见谅。“善人者，人亦善之”，对于朋友的优点，不能忌而不学；对朋友的缺点，不能视而不见；对朋友的忠告，不能听而不闻；就是一些过激的言语，或者偏颇的看法，只要是对自己的善言，也不能怒而反讥。

一个人，要想多得到真挚的友谊，除了对朋友真诚相待外，还要能够容忍对方的缺点，要注意自己怎样做人，莫辜负朋友的知己之情。

很难说，你在我心中到底有多重！只知道，生命的旅程中不能没有你！风雨人生路，朋友可以为你挡风寒，为你分忧愁，为你解痛苦和困难，朋友时时会伸出友谊之手。她是你登高时的一把扶梯，是你受伤时的一剂良药，是你饥渴时的一碗白开水，是你过河时的一叶扁舟；她是你金钱买不来，命令下不到的，只有真心才能够换来的最可贵、最真实的东西。

烦恼时友情如醇绵的酒，痛苦时友情如清香的茶，快乐时友情如轻快的歌，孤寂时友情如对饮的月……

最是珍贵朋友情！

心灵悄悄话
XIN LING QIAO QIAO HUA

什么是朋友？朋友就是彼此相交的人，彼此要好的人。但“人之相识，贵在相知；人之相知，贵在知心。”在交友方面，古人讲究莫逆于心，遂相与友。

朋友是人生旅途中的驿站

黄牛看见狐狸在树下呜呜地哭，问它为什么悲伤。

狐狸抹了一把眼泪，说："人家都有三朋四友，唯独我孤零零的，心里难受哇……"

黄牛问："花猫不是你的朋友吗？"

狐狸叹口气，说："花猫与我交友一载，没请过我一次客，这算什么朋友？我早跟他散伙了。"

黄牛问："山羊不是你的朋友吗？"

狐狸摇摇头，说："山羊与我结拜半年，从未给过我一分钱的好处，还有啥朋友味？我早跟他断绝来往了。"

黄牛长叹了一声，问："听说你曾经跟大黑猪的关系还可以？"

狐狸气得直跺脚，说："我早把他给踢了！你想想，大黑猪能帮我什么忙？当初我根本就不该认识那个蠢家伙。"

黄牛戏谑地一笑，调侃地说："狐狸先生，我送你一样东西吧。"

狐狸眼睛一亮，心想这下可以讨到便宜了，立刻止住哭，问道："什么东西？"黄牛扭过头，扔下一句"贪鬼"，头也不回地走了。

生命中有许多东西是需要放过的。放过，有时是为了求得一份心灵的安宁，有时是为了获得一个更广阔的天空。放过是一种境界，是一种高度。

人生是一种缘。你刻意追求的东西或许终身得不到，而你不曾期待的灿烂反而会在你的淡泊从容中来到。

朋友，像淡淡的清茶要你去细细地品，慢慢地品它的甘甜，他会不经意间地走入你的心田，用心牵挂着你。

在人生的旅途中我们的朋友，也许就是那一个个的小小的站台。也许有很多站台我们都没有停留，也许我们会在一个小站台稍事休息，也许我们还会在某个站台停留许久！

也就是这样一个个的站台连成了我们的旅途中的甜酸苦辣。在每个站台都有自己独特的风景，也许还能有自己的故事！

也许在旅途中很长的一段时间我们还是会记起那某个站台，也许我们还有很多站台都没有记住他们的名字，但是人生却不停止自己的脚步，在一个个小站中连成了一条直线！

正是因为这样，我们必须经过这样的站台。人生只有有了这样值得回忆的小站，旅途才不孤单；只有此等人生到了自己的终点时才不会再有什么遗憾！

克拉克的父亲带着他排队买票看马戏。排了老半天，终于盼到在他们和卖票口之间只隔着一家人。这家人让克拉克印象深刻：他们有8个在12岁之下的小孩。他们穿着便宜的衣服，看来虽然没有什么钱，但全身干干净净的，举止很乖巧。排队时，他们两个两个成一排，手牵手跟在父母的身后。他们很兴奋地叽叽喳喳谈论着小丑和大象。克拉克想："今晚想必是这些孩子们生活中最快乐的时刻了。"

他们的父母神气地站在一排人的最前端。母亲挽着父亲的手，好像在说："你真像个佩着光荣勋章的骑士。"而沐浴在骄傲中的他也微笑着，凝视着他的妻子，好像在回答："没错，我就是你说的那个样子。"

卖票女郎问这个父亲："你要多少张票？"

他神气地回答："请给我8张小孩的票和2张大人的票，我带全家人来看马戏。"

然而，得到售票员的回答后，这人的妻子扭过头，把脸垂得低低的。这个父亲的嘴唇颤抖了，他倾身向前，问："你刚刚说是多少钱？"售票员又报了一次价格。

这人的钱显然不够。但他怎能转身告诉那8个兴致勃勃的小孩，他没有足够的钱带他们看马戏？

克拉克的父亲目睹了一切。他悄悄地把手伸进口袋，把一张20美元的钞票拉了出来，让它掉在地上（事实上，克拉克家一点儿也不富有），他又蹲下来，捡起钞票，拍拍那人的肩膀，说："对不起，先生，这是你口袋里掉出来的！"

这人当然知道原因。他并没有乞求任何人伸出援手，但深深地感激有人在他绝望、心碎、困窘的时刻帮了忙。他直视着克拉克的父亲的眼睛，用双手握住克拉克的父亲的手，把那张20美元的钞票紧紧夹在中间，他的嘴唇在发抖，泪水忽然滑落他的脸颊，他回答道："谢谢，谢谢您，先生，这对我和我的家庭意义重大。"

克拉克和父亲那晚并没有进去看马戏，但克拉克觉得自己的收获更大。

心灵悄悄话

XIN LING QIAO QIAO HUA

朋友，好好地对待你的每一个小站，它们又会对你述说什么呢？细细的好好地珍惜你身边每一个朋友吧！

有一种淡淡的温暖

这是发生在越南的一个故事。

几发迫击炮弹突然落在一个小村庄的一所由传教士创办的孤儿院里。传教士和两名儿童当场被炸死，还有几名儿童受伤，其中有一个小姑娘，大约8岁。村里人立刻向附近的小镇要求紧急医护救援，这个小镇和美军有通讯联系。终于，美国海军的一名医生和护士带着救护用品赶到。经过查看，这个小姑娘的伤很严重，如果不立刻抢救，她就会因为休克和流血过多而死去。输血迫在眉睫，但得有一个与她血型相同的献血者。经过迅速验血表明，两名美国人都不具有她的血型，但几名未受伤的孤儿却可以给她输血。

医生用掺和着英语的越南语，护士讲着仅相当于高中水平的法语，加上临时编出来的大量手势，竭力想让他们幼小而惊恐的听众知道，如果他们不能补足这个小姑娘失去的血，她一定会死去。

他们询问是否有人愿意献血。一阵沉默做了回答。每个人都睁大了眼睛迷惑地望着他们。过了一会儿一只小手缓慢而颤抖地举了起来，但忽然又放下了，然后又一次举起来。“噢，谢谢你！”护士用法语说，“你叫什么名字？”“麦克。”小男孩很快躺在草垫上。他的胳膊被酒精擦拭以后，一根针扎进他的血管。输血过程中，麦克一动不动，一句话也不说。过了一会儿，他忽然抽泣了一下，全身颤抖，并迅速用一只手捂住了脸。

“疼吗？麦克？”医生问道。他摇摇头，但一会儿，他又开始呜咽，并再一次试图用手掩盖他的痛苦。医生问他是否针刺痛了他，他又摇了摇头。

医疗队觉得显然有点不对头。就在此刻，一名越南护士赶来援助。

她看见小男孩痛苦的样子，用极快的越语向他询问，听完他的回答，护士用轻柔的声音安慰他。顷刻之后，他停止了哭泣，用疑惑的目光看着那位越南护士。护士向他点点头，一种消除了顾虑与痛苦的释然表情立刻浮现在他的脸上。

越南护士轻声对两位美国人说："他以为自己就要死了，他误会了你们的意思。他以为你们让他把所有的鲜血都给那个小姑娘，以便让她活下来。""但是他为什么愿意这样做呢？"美国海军护士问。这个越南护士转身问这个小男孩："你为什么愿意这样做呢？"小男孩只回答："因为她是我的朋友。"

朋友是可以一起打着伞在雨中漫步；是可以一起骑了车在路上飞驰；是可以沉溺于美术馆、博物馆；是可以徘徊于书店、画廊；朋友是有悲伤一起哭，有欢乐一起笑，有好书一起读，有好歌一起听……

朋友是常常想起，是把关怀放在心里，把关注盛在眼底；朋友是相伴走过一段又一段的人生，携手共度一个又一个黄昏；朋友是想起时平添喜悦，忆及时有更多的温柔。

朋友如醇酒，味浓而易醉；朋友如花香，芬芳而淡雅；朋友是秋天的雨，细腻又满怀诗意；朋友是十二月的梅，纯洁又傲然挺立。朋友不是画，它比画更绚丽；朋友不是歌，它比歌更动听；朋友应该是诗——有诗的飘逸；朋友应该是梦——有梦的美丽；朋友更应该是那意味深长的散文，写过昨天又期待未来。

有朋友的日子里总是阳光灿烂，花朵鲜艳，有朋友的岁月里天空不再飘雨，心不再润湿，有朋友的时候才发现自己已经拥有了一切。我们可以失去很多，但不能失去的是朋友。朋友不是一段永恒，朋友也只是生命中的一个过客，但因为那份缘起缘灭使生命变得美丽起来。即使未来难以预计，至少，不能忘记的是朋友以及与朋友一起走过的岁月。

心灵悄悄话

XIN LING QIAO QIAO HUA

朋友最美在于诚挚；朋友最真在于相知；朋友曾一同走过，分别以后依然会时时想起，依然能记得：你，是我的朋友。

善良是心间一朵开放的莲花

一位见多识广的老法官，在公园散步时碰到一个熟识的年轻人保罗。

"保罗，你好！"老先生向他打招呼，"我听说你要结婚了，我很高兴！你的未婚妻是个怎样的人？"

保罗笑着答道："她是个美丽的女孩。"

法官从口袋里掏出一个记事本，写了一个零字，然后又问："还有呢？"

保罗想了想，说："她也很聪明。"

法官又写了一个零。

保罗接着说："秋天，她将有一个待遇相当好的工作。"

法官再写了一个零。就这样，法官一直写了九个零。

"最后，"保罗又说，"我的未婚妻有一颗善良的心。好多次我都注意到，当有人需要帮助时，她总是及时伸出援手。"

这时，法官在九个零之前写了一个一字，然后关上记事本，热情地握住保罗的手，说："保罗，恭喜你啊。你的未婚妻值十亿元，和她在一起，你足以应付你的一生。"

善良，是心间绽放的花，它远离喧嚣，收敛着剔透的花瓣、幽婉的芬芳，伫立成一茎明澈的纯真，摇曳为一抹恬然的淡泊。它舒展着娉婷的笑靥，仿佛一首云淡风轻的小诗，又如一曲蓝天碧水的梵音。它是一朵佛前的青莲，任由红尘万丈，我自纤尘不染，诸邪不侵，只静看清水一脉脉地流过如烟岁月。

心怀善良，便萦绕满怀馨香，延己及人。它能洞穿黑暗，直抵灵魂。砸破狭隘的锁，开启心与心的信赖与共鸣，既善待自己，也善待他人，用善意的微笑和言语来温暖彼此。不要妄自捣毁稚嫩的希望，不再断然冻结真挚的情谊，少些倔强与仇恨，多份宽容和体谅，自然会坐拥点点滴滴真善美的记忆，消融悲伤、化解懊恼，让生活一寸一寸地灿烂开来。

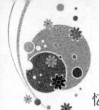

心怀善良，便生出随喜之心，豁然开朗。或许会失去不少实惠的利益，或许会让一些不甘和委屈压在心里，谁也不是超脱凡事的圣人，这世上有太多太多的欲望纠缠着我们，如果没有善良的初衷发轫，一双双赤脚只能在邪念的泥沼中无法自拔。是善良给了人们纯情的眼眸与金贵的救赎，从容地将一切阴霾与不幸摒弃。着意地播种阳光和雨露，淡定地收获快乐的果实和幸福的花丛。

心怀善良，便拥有不老音容，芳龄永驻。水流不争先，滋润根本，何妨零落成尘。悄然做真诚好人，细行实在好事，欢度平凡的好日子，以善良之心对待所经历的一切，不怨天尤人、不自暴自弃；以善良之心对待身边的人，不妒忌怨恨，不嘲笑排挤……善良可以让坎坷变成前行的垫脚石，也能使疏离结为兄弟。把善良栽种在心里，即便时间在我们额上犁满辄痕，也会获得生命的繁荣与蓬勃，宛若永恒的春光、不落的星辰。你不必斤斤计较，不必处心积虑，而是时时享受风清日朗，刻刻健步柳暗花明，衾影无惭，屋漏无愧，宠辱不惊，衰荣不扰。如此明净心路，定将行得海阔天空，赢得不老芳华。

善良是灵魂的返璞归真，是人性的虔诚皈依。哪怕只是一句真诚的问候，哪怕只有一个体恤的眼神，都会使我们在百转人生中获得绵长的感动与温情的停留。而泛滥的邪恶与麻木，注定会冲垮道德的堤防，伤人的同时淹没自己。

心灵悄悄话

XIN LING QIAO QIAO HUA

善良是灵魂的返璞归真，是人性的虔诚皈依。哪怕只是一句真诚的问候，哪怕只有一个体恤的眼神，都会使我们在百转人生中获得绵长的感动与温情的停留。

善良与平淡才是最真

有位哲人说过：做人的极致是平淡。

人的一生也许是光芒四射，人的一生也许是荆棘满地，人的一生也许是鲜花与骂声并存。

淡淡而悠远，茫茫而悠长，“真正幸福的生活，并不是什么轰轰烈烈，而是一壶水，平平淡淡，而在加热时，却也会泛起一些波澜……”这些话是《蓦然回首》小说中说到的。

大千世界，形形色色的人生，都是在平淡中填满自己的行囊，让行囊饱含着深情与真情。不论生活的坎坷，生活的苦难，我们何不从容地生活，如溪水静静地流淌；淡定地生活，如花开花落的悠闲。

岁月如河，人生如梦。当走过一程又一程的时候，也许你收获的是鲜花与掌声；当走过葱茏岁月时，也许你心里装得最多的是回忆；当你漫步在街头的时候，也许会被眼前的繁华迷了双眼。当浮生一梦明白时，回头望过去，过去的一切都是寂静背后给人带来的无尽的思索与感悟。

如果说人身处闹市，听惯了杂音，这声音烦扰身心；如果说人身处在一个相对封闭的场地，让我们的心不知何处安放？在这种情况下，是否在寻找心里的那份坦然与执着，这种坦然与执着是否是与时俱来，与梦并存。找寻繁华，找寻心里的梦呓。

繁华落尽，浅落迷茫，世事轮回让人在不知不觉中明白了许多，也懂得许多。

有人说生活是堵墙，无法逾越；有人说生活是条绳，给人带来了不少的纠结；有人说生活是本书，每个人都在书里写着不同的人生轨迹；有人说生活不简单，却能从不简单转化为简单。

人活一世，看似简单的事情却没有那么简单，经历过风雨后才知阳光明媚就在自己的头顶。把一切不愉快、不如意收入自己的囊中。忘却不愉快，重新开始,找寻平淡与真实的生活。

因为生活简单了,你就会快乐,因为生活快乐,日子就会平静如水;人活一世,总要面对这样或那样的生活不简单,如何面对遇到这样或那样的困境,人的耐力有限。

世间轮回,世间沧桑,沧桑巨变,无功而返,有时人跌倒却是因为利益而生妒,因妒生恨,最终埋藏了这尘世苦短的沧桑。人生几何,几何人生?

人生如梦,都想过着简单而又快乐的生活。也许生活不简单,但生活却是真实而存在的。追求梦想,实现梦想,让梦想成为最终的归宿,也让自己有可炫耀的资本。也许梦想不简单,通过自己的努力就会实现。

不追求权,不追求势,不追求利,不追求名,寻找一种人生的真实,寻找一种人生的真谛,就是一种真实的人生,也是在找真实的自我。

平淡是真。平淡是人生之真味。回归平淡,方探人生之真境,细参眼、耳、鼻、舌、身、意。

平淡是白开水,品尝之时无味,平淡之中却见真情真意,平淡之中是一种另类的幸福所归。

关爱他人,关爱自己,让生命灿烂如飞花,一路缤纷。握手、挥手、微笑,让最美的那一刻永存记忆,如沐星光。

做人需要我们穷尽一生的时间来学。在我们成长的路上或是人生任何的时刻,都需要不断地去校正自己的律行,让自己以善美的心姿融入生活的舞台上,赢得社会、生活、他人的信赖。

从我们来到这个世上的那一刻起,我们就已经用纯净的心灵来感受父母的身传言教,耳濡目染种种关于人的行为。当然父母的教育是最好的榜样,是他们把做人的善良、宽容与对生活的爱,一点点的浸染了我们全部的身心;及至上了学,又得到老师们关于做人更深层次的教育,让我们读懂了做人的道理、处事的哲学。这一阶段对我们整个的人生都大有裨益,因为知识让我们有了做人的资本和识别行为的能力,也让我们懂得了什么是人生。

人生的目标与做人相互结合在一起才有了美好的希望。当我们参加了工作,真正走上了社会,耳闻目睹人的全部生活本真。处人与立世其实并不简单,仅仅以自己一颗善良的心去温暖他人,其实也不尽然。因为美与丑共存,假与真并在,这时地做人真的很无奈,人的自私的一面,齐齐都会展露在你的面前。太多的时候不得不让我们为了生存左右逢迎而变得世故精练、圆滑，其实这才是做人生存中为了适应生活、社会的无奈之举。

有时候，做人也让我们颇费思量，诚如哲人所言，做人的极致是平淡，但真正能做到这一点的又有几人？因着人的欲望、道德、修养、自身素质的不同，人也不尽相同，可谓人以群聚，物以类分。

心灵悄悄话

XIN LING QIAO QIAO HUA

生活需要我们不断地去学会做人，但做人有时候却让我们在生活中永远也读不懂它。这就要我们一生都要学着做人，并且仍是要做到善良与平淡才是最真。

第六篇　但求无愧我心

在每个人的生命历程中，总有过一些朝思暮想的心愿和期待，同时也有过许多痛彻心肺的遗憾和无法弥补的过错；生命不可能尽善尽美。

对于人生而言，绝对遗失的是时间，时间是一去不复返的；绝对迎来的是生命的终点，因步入衰老而走向死亡，那是人生必然的，谁想躲也是躲不开的，这才是不以人的主观意志为转移的自然规律。一定要知道，你活的精彩也好，落魄也罢，都是你一个人的事儿。无论是达观的人，还是宿命的人，都应当不求事事如愿，但求问心无愧。

不求完美，但求无愧

我们不知道一辈子有多长，但是只有用心生活，才不会给自己留下遗憾。

我们是生活在群体中的个体。为了生存，本能的会去在意周围人对你的看法，积极的、消极的，总会对你的人生观、价值观产生或多或少的影响。有的人，从踏实变得浮华；有的人，从简单变得复杂；有的人，从消极变得积极……历时越久，越是找不到原本的自己。

太在意别人的评价，太顾虑别人的眼光，太小心别人的议论，会让自己的压力变得越来越大，会忽略自己本身的发光点，按照别人的要求做那个不是真正的自己，渐渐的找不到自己最初的梦想和努力的航标，在人海中迷路。所以，你的人生要活出自己的味道。要知道，你只是平凡世界中的一个普通人，这个偌大的世界不会因为你而改变它固定的模式。不能尽如人意，但求无愧于心。做自己该做的事，听自己喜欢的音乐，跟自己的朋友狂欢，谈轰轰烈烈的恋爱，别人如何分析你，谈论你，那都是别人的事儿，与你是无关的。

一定要知道，你活的精彩也好，落魄也罢，都是你一个人的事儿。每个人的一生都不可能事事如意。朱元璋的军师刘伯温是这样自勉的："岂能尽如人意，但求无愧我心"。

在记者招待会上，当有记者问及刘德华的人生格言时，他说："不求完美，问心无愧。"不否认从唱功或演技来说，刘德华可能不是最完美的，但是他的成绩有目共睹。也许正因为这句格言让刘德华坦然的评价自己，也因为但求无愧我心的想法让他一直努力到现在，用他的坦诚和努力造就了今日的成功。

人生在世，不可能做到尽善尽美，总会有种种遗憾。

人生如一盘棋，如果走错一步，也不至于满盘皆输；

人生像足球赛，即使是最强的队也会有在比赛中失手的时候。

回首人的一生，总有许多朝思暮想的心愿和期待，同时也有过许多自愿的和非自愿的放弃或遗失。有朋友说你的人生是成功的，也有许多人说你的人生是失败的，因为我们不是大款，也不是大官，更不是大腕，我们的人生中丢失了许多机会，所以才会有我们今天这样的豁达和潇洒。

能认识到自己有种种遗憾，勇于放弃不切实际的梦想而坦然无愧的人，可以说是完整的。

知道自己够坚强，熬得过悲伤而幸存，丧失至爱而觉得自己并非残缺的男男女女，可以说都是完整的。

你已经历了最坏的境遇，而依然是完整的。

我们每一个人天生都有这样或那样的不足，能如残缺之圆继续在人生之途滚动并细尝沿途滋味，就能达到其他人只能渴望的完整。

是的，在每个人的生命历程中，总会遗失掉许多机会，而不可能尽善尽美。但是对于人生而言，绝对遗失的是时间，时间是一去不复返的；绝对迎来的是生命的终点，因步入衰老而走向死亡，那是人生必然的，谁想躲也是躲不开的，这才是不以人的主观意志为转移的自然规律。无论是达观的人，还是宿命的人，都应当不求事事如愿，但求问心无愧。

我们的人生都有这样或那样的不足，尽管如此，只要自己做出了努力，就会十分坦然，就能有快乐的心情。因为："不求万事如愿，但求问心无愧。"

心灵悄悄话

XIN LING QIAO QIAO HUA

在日常生活中，你不能总是怕别人议论你，这样是很累的，也是很愚蠢的。谁在背后无人讲，谁在人前不讲人？走自己的路，让人们去说吧！你不能管住别人的嘴，但你可以管住自己的心，何必活得这么累呢？

学习，择其善者而从之

不会集思广益的人，是一个不明智的人，不论做什么事都难以做成；不善于听取朋友意见的人，是一个刚愎自用的人，终归也成就不了什么事业；如果事事都听取别人的意见，毫无半点自己主见的人，同样也不可能有所作为。

实践经验证明的结论是：听多数人的意见，和少数人商量，自己做决定，由繁而简就接近真理。

虚心，就是倒空自己，不能自以为是，要善于倾听和接纳别人的意见；虚心，就是降低自己，不要高高在上，不可一世，也就是别把自己太当一回事儿；降低自己不是卑微，不是低人一等，不是比谁下贱，而是做人的一种风度、一种雅量，更是一个人的品德。

我们生活在一个五彩斑斓的世界。在这个世界里不光有着美丽的风景，同样也有着不同个性、不同气质、不同人格魅力的人。在漫漫的人生途中，你会相识相遇很多的人，不同的人身上有着不同的品质及魅力，欣赏、喜欢和爱，便成了我们最难把握的尺度。

优秀的人身上会散发出诱人的光彩，他不仅吸引你，同时也吸引着和你同样有着鉴赏能力的人。就像美丽的风景，它的存在不是为了一座山、一片旷野，而是为了整个自然，是为了点缀这美丽的世界，是为了让更多的人去欣赏、去品味、去陶醉其间。

当你用一种平常的心境去认识一个人、结交一个人的时候，你便会没有了一些私情杂念，你们便可以自由随意的交往，心也便会一点点的交融，真正的朋友便会在你欣赏的眼光中向你走来。

友情同样是生命中不可缺少的东西，在你拥有了很多真心朋友的时候，你才会觉得生命的快乐。

拥有一个好朋友，比拥有一段感情要平实的多。在人的一生中，每一次用心的投入都是一种伤害。而朋友则不同,你可以在拥有朋友的同时体味到人性的纯美、真情的可贵。友情同样是一种爱,一种更高尚更至诚的爱。

用宽容的心去欣赏每一个人的优点,你会发现世界很美,阳光很灿烂,你的心也会很明媚,你的天空也会变得很蓝。

心灵悄悄话
XIN LING QIAO QIAO HUA

择其善者而从之,其不善者而改之的态度体现了与人相处的一个重要原则。随时注意学习他人的长处,随时以他人缺点引以为戒,自然就会多看他人的长处,与人为善,待人宽而责己严。这不仅是修养、提高自己的最好途径,也是促进人际关系和谐的重要条件。

记着别人对你的好

何为宽容？当一只脚踏在紫罗兰花瓣上时，它却将香味留在了那只脚上，这就是宽容！

天空容留每一片云彩，不论其美丑，故天空广阔无比；

高山容留每一块岩石，不论其大小，故高山雄伟壮观；

大海容留每一多浪花，不论其清浊，故大海浩瀚无际。

宽容是人间的润滑剂。有了宽容，人间就少了许多纠纷，多了一份宁静；少了许多敌对，多了一些美好。有了宽容，人间才会变成美好的天堂。

有一副古联这样写道：和为天下传家宝，忍为人间化气丹。意即只要人与人之间能和睦相处，就是普天下最宝贵的财富；遇事只要奉行一个忍字，再深的矛盾都可以化解。

记住别人的好，忘掉别人的坏，你就会在幸福而又宽容的天空下自由地翱翔！

上苍给了我们同样的生命，当走到人生的尽头时，能够留下的会是什么呢？我们留给别人的又会是什么呢？学会宽容别人，也是善待自己的一种方式。

生活，是在宽容中越走越宽广的。时间会冲淡痛苦，但我们为什么要等时间来冲淡呢？学会及早地忘却、及早地原谅、及早地享受生活，生命里美丽的日子不是会多些吗？

岁月的美，就在于它流逝后再也不会回来。能在有限的日子里多些美好时光，就是在延长自己的生命！

学会宽容别人，在我们老的那一天，就会发现生命的每个端点都不再有因狭隘而造成的遗憾，也会给他人的生命增加快乐和亮点。毕竟，只有美，才是永恒的！

水至清则无鱼，人至察则无友。一个人必须具有容纳怨怒与耻辱的能力，再加上包容一切善恶贤愚的态度，才能够宽容他人。

穿梭于茫茫人海中，面对一个小小的过失，常常一个淡淡的微笑、一句轻轻地歉语，带来包涵谅解，这是宽容；在人的一生中，常常因一件小事、一句不注意的话，使人不理解或不被信任，但不要苛求任何人，以律人之心律己，以恕己之心恕人，这也是宽容。所谓“己所不欲，勿施于人”也寓理于此。

学会宽容，意味着你不再心存疑虑。

世界上最宽阔的是海洋，比海洋宽阔的是天空，比天空更宽阔的是人的胸怀。——雨果

心理学家指出：适度的宽容，对于改善人际关系和身心健康都是有益的，这种宽容，指的是对于子女或别人在生活、工作、学习中的过失、过错采取适当的“羞辱政策”，有效地防止事态扩大而加剧矛盾，避免产生严重后果。大量事实证明，不会宽容别人，亦会殃及自身。过于苛求别人或苛求自己的人，必定处于紧张的心理状态之中。

由于内心的矛盾冲突或情绪危机难于解脱，极易导致机体内分泌功能失调，诸如使儿茶酚胺类物质——肾上腺素、去甲肾上腺素过量分泌，引起体内一系列劣性生理化学改变，造成血压升高，心跳加快，消化液分泌减少，胃肠功能紊乱等等，并可伴有头昏脑涨、失眠多梦、乏力倦怠、食欲不振、心烦意乱等症候。

紧张心理的刺激会影响内分泌功能，而内分泌功能的改变又会反过来增加人的紧张心理，形成恶性循环，贻害身心健康。有的过激者甚至失去理智而酿成祸端，造成严重后果。而一旦宽恕别人之后，心理上便会经过一次巨大的转变和净化过程，使人际关系出现新的转机，诸多忧愁烦闷可得以避免或消除。

宽容，意味着你不会再为他人的错误而惩罚自己。

宽容是一种博大，它能包容人世间的喜怒哀乐；宽容是一种境界，它能使人跃上大方磊落的台阶。只有宽容，才能“愈合”不愉快的创伤；只有宽容，才能消除人为的紧张。

宽容，首先包括对自己的宽容。只有对自己宽容的人，才有可能对别人宽容。人的烦恼一半源于自己，即所谓画地为牢，作茧自缚。电视剧《成长的烦恼》讲的都是烦恼之事，但是他们对儿女、邻居的宽容，最终都把烦恼化为捧腹的笑声。芸芸众生，各有所长，各有所短。争强好胜失去一定限度，

往往受身外之物所累，失去做人的乐趣。只有承认自己某些方面不行，才能扬长避短，才能不因嫉妒之火吞灭心中的灵光。

宽容地对待自己，就是心平气和地工作、生活。这种心境是充实自己的良好状态。充实自己很重要。只有有准备的人，才能在机遇到来之时不留下失之交臂的遗憾。知雄守雌，淡泊人生是耐住寂寞的良方。轰轰烈烈固然是进取的写照，但成大器者，绝非热衷于功名利禄之辈。

俗语有“宰相肚里能撑船”之说。古人与人为善之美、修身立德的谆谆教诲却警示于世人。一个人若胆量大，性格豁达，方能纵横驰骋，若纠缠于无谓鸡虫之争，就会有失儒雅，郁郁寡欢，神魂不定。唯有对世事时时心平气和、宽容大度，才能处处契机应缘、和谐圆满。唐朝谏议大夫魏征，常常犯颜苦谏，屡逆龙鳞，可唐太宗宽容为怀，把魏征看作是照见自己得失的“镜子”，终于开创了史称“贞观之治”的太平盛世。

如果一语龃龉，便遭打击；一事唐突，便种下祸根；一个坏印象，便一辈子倒霉，这就说不上宽容，就会被百姓称为“母鸡胸怀。”真正的宽容，应该是能容人之短，又能容人之长。对才能超过者，也不嫉妒，唯求“青出于蓝而胜于蓝”，热心举贤，甘做人梯，这种精神将为世人称道。宽容的过程也是“互补”的过程。

别人有此过失，若能予以正视，并以适当的方法给予批评和帮助，便可避免大错。自己有了过失，亦不必灰心丧气，一蹶不振，同样也应该宽容和接纳自己，并努力从中吸取教训，引以为戒，取人之长，补己之短，重新扬起工作和生活的风帆。

宽容，意味着你有良好的心理外壳。

宽容，对人对自己都可成为一种无须投资便能获得的“精神补品”。学会宽容不仅有益于身心健康，且对赢得友谊，保持家庭和睦、婚姻美满，乃至事业的成功都是必要的。

因此，在日常生活中，无论对子女、对配偶、对老人、对学生、对领导、对同事、对顾客、对病人……都要有一颗宽容的爱心。宽容，它往往折射出人处世的经验、待人的艺术、良好的涵养。学会宽容，需要自己吸收多方面的“营养”，需要自己时常把视线集中在完善自身的精神结构和心理素质上。否则，一个缺乏现代文明阳光照射的贫儿，就会被人们嗤之以鼻，不屑一顾。当然，宽容绝不是无原则的宽大无边，而是建立在自信、助人和有益于社会基础上的适度宽大,必须遵循法制和道德规范。对于绝大多数可以教育好的人,宜采取宽恕和约束相结合的方法;而对那些蛮横无理和屡教不改的人,则不应手软。从这一意义上说"大事讲原则,小事讲风格",乃是应取的态度。处处宽容别人,绝不是软弱,绝不是面对现实的无可奈何。在短暂的生命里程中,学会宽容,意味着你的思想更加快乐。宽容,可谓人生中的一种哲学。

得体淡泊,学会宽容!

心灵悄悄话

XIN LING QIAO QIAO HUA

宽容,是人不可缺少的品质;宽容之美,亦是生活中不可或缺的点缀。尽管人情易反复、世路多崎岖,只要我们时时能以一颗宽容之心待人,何愁世间不能多温暖、人生不能多坦途、社会不能更美好?

寻找让自己快乐的人生方向

很久以前，在一片空旷的大地上，有一个人倒立其中。

一个路人见状，大为不解，问："你在干什么？"

这个人无限神往地说："当我倒立的时候，宇宙惊诧了，他还认为是我举起了地球呢。"

路人大笑，说："人怎么可能举起地球呢？简直不自量力。"并认为这个人狂妄自大，不可理喻。

这个人却说："如果世界是一百，你把自己看的越渺小，你便越是微不足道。但如果你把自己看作一百，那么，你就可以占有整个世界，把握全局。"

路人再次大笑，说："人的力量有多大，顶多也就举起这块石头罢了。"说着，伸手指向一块石头。

这个人却依旧陶醉地说："人想多远，就能到达多远。人尽力发挥出多少力量，就拥有多少力量。"

路人已不再笑，他认为这种人已不值得再笑，于是，便改用轻蔑的口气说："我认为我可以举起一座山，就一定能举起吗？"

这个人坚定地说："能。"

路人认为眼下的这个人是个疯子，即使不是，也是一个不切实际的妄想者，并认为与这种人交谈，纯粹是浪费口舌。于是，便不辞而别。

谁曾想，日后，这个人成了一位伟大的科学家，并发现了杠杆原理。至今，世界上还流传着他的一句伟大的格言："只要给我一根足够长的杠杆，再加上一个位置合适的支点，我就可以翘起整个地球。"

我们每个人身边常常会有很多好心的人，在帮着倒忙，伤害我们，人却很少知道。因为大家都不知道，自己在干什么。

你不缺少聪明才智和算计能力。你当前正在经历着生命中的一个大转折，原有的被冲垮，新的还没建立，为此你需要宽容自己的失误和失态，学会爱惜自己。

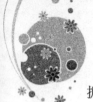

陕西作家闫真的《沧浪之水》，有助于你真实地了解中国社会和中国人，用心去看，把主角当作你自己。以后再在他的基础上再向前走，因为他描述得很好但没有解法。

你状态不好，除了一系列的挫折让你心灵受伤外，还有个重要原因是，你一直没能脚踏实地。怎样才能脚踏实地？《沧浪之水》主人公的遭遇会有提醒，人无所求则寡欲，那你试着为你的亲人朋友考虑，考虑他们的切身利益，比如某人有高血压，你若真关心她，你可以去了解什么是高血压，如何预防，如何食疗，潜在危险何在，等等，为他们做一件哪怕是最小的力所能及的事儿。

“世上无难事，只怕有心人”。有心则很多问题迎刃而解，有心会执着问下去，学下去，做下去，在努力做好事情中学习作人。

每个人都不是独立的。是人都会犯错，只是有些人善于掩饰自己。不要评价人，也不要被人评价影响。

耶稣对信徒说：“你要背起你的十字架，来跟从我。”背十字架指的是不断让我老死，让新我生的过程，因此没有人是一个差劲的人，谁都会做错事情，但即使不断做错事也不表示我们是一个差劲的人。我们可以选择改进本身，把自我和错事区别开。事实上，我们不是差劲的人，而是在人生这个转折期间，人的记忆力和注意力会受到影响。这是每个人都会遇到的正常现象。

拨开思想和情绪迷雾，最要紧做的是端正自己的认识，要学习如何正确、客观地认识人，认识事情，认识各人的心态、动机或水平，或许看看《伦语》或辩证法趣味版本，也是可以的。

想哭就哭，但不要老是被自怜和情绪控制，学习动用自主选择的力量，哪怕仅有一次成功地引导了自己、转移了注意力或情绪走向，都是胜利。

生命，或重于泰山，或轻如鸿毛。

有两个生命降生，他们得到了两件礼物——泰山与鸿毛，但每人只能选择其中一件。

第一个生命心想：“我怎么可以与泰山相比，再说，别说泰山，我就连泰山底下的一块石头都比不上。”于是,他选择了鸿毛。

第二个生命见鸿毛已被第一个生命抢走,只好选择了泰山。本来他也是想选择鸿毛的,但现在既然背负上了泰山般的使命,那就要奋斗出一个泰山般的功就。

鸿毛般的生命笑道:“不自量力。”

泰山般的生命却说:“一个人要想在成败的天平上稳操胜券,唯有加重自己的质量。”

为此,鸿毛般的生命终日无所事事,他不是无事可做,而是认为自己轻如鸿毛,做什么事也不会成。泰山般的生命则日益加重自己的质量,他懂得了积土成山的道理,他不再轻视自己的人生。

终于,泰山般的生命重于了泰山,而鸿毛般的生命依旧轻如鸿毛。

鸿毛般的生命不以为然,说:“你是重于泰山般的生命,当然要有重于泰山般的价值,我只是轻如鸿毛般的生命,怎么可以与你相提并论呢?”

泰山般的生命反驳着说:“你错了,在当初我们降生之时,都有着同等质量的生命。”

鸿毛般的生命不解,问:“这怎么可能呢?同等质量的生命,怎么会有如此这般的天差地别?”

泰山般的生命说:“生命,或重于泰山,或轻如鸿毛。而我们要想拥有什么样的生命,全凭自己的选择。”

心灵悄悄话

XIN LING QIAO QIAO HUA

对于人生重要的因素很多,其中信心和方向是至关重要的。相信自己是好样的,通过不断改进不断确信这一点,寻找让自己快乐的人生方向,去努力。

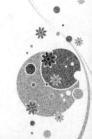

天使的翅膀

有时候,对自己的问题,对别人的问题,对这个世界的问题,我们觉得很难回答,其实答案是多么的简单:提高自己,感谢别人的帮助。当我们把时间浪费在对别人的顾虑、对别人的抱怨上时,岂不是错失那个机会来提高自己?

宽大有气量,不计较或不追究就是宽容。

"水至清则无鱼,人至察则无明。"在我们的生活中,别人无意犯下的罪应该原谅,让对方心存感激。在别人有意得罪时,更要能做到原谅;要知道,宽容并不是怯懦,与世无争的你岂不为君子乎?地洼下,水流之;人宽容,德归之。

"千磨万击还坚劲,任尔东西南北风。"笑对人生吧,朋友,退一步海阔天空,宽容别人等于宽容自己。

人,要活得潇洒、宽容,是一种风度。学会宽容,将使你活得更加潇洒,人生更有意义。你尽管不必为一些琐事斤斤计较,烦恼忧伤。

学会宽容,是一种美德,也是一种气质,使你拥有了别人不能拥有的。

宽容敌手,处处显示着你的强势、你的感召力、你的大度,那么,你将永远是胜利者。

宽容朋友,尤其是知心朋友。古人云:金无足赤,人无完人。此时,宽容是一种良药,医治人心灵深处不可名状的跳动,滋生永恒的人性之美。

宽容自己,宽容朋友,甚至宽容敌手,这是一种至高至纯的境界,它能使阳光明媚,万里无云,它能让你振奋。同样,宽容也能让你消沉,让你安于现状无动于衷。

于是,宽容有一个度的概念。你在多大程度上学会宽容,你就在多大程度上掌握人生。

学会宽容,你将拥有一份潇洒人生,你将拥有一份胜利的喜悦。学会宽容，你将永远充实。

宽容，是容纳百川的大海，是承接小溪的河流。

宽容，是对不顺人心、不尽如人意的人与事看开些，想开些。

人生在世，年轻时多一分宽容，老来定会多一些宽慰。

会宽容人的人，虽然从来不指望得到回报，更不会去索取回报，但往往会得到回报，甚至是更大、更多的回报。

元太祖铁木真曾与泰赤乌部有仇。一天，他率部众外出打猎，正好遇着了该部的朱里耶人，大家都要求杀他个痛快。铁木真说：他们现在既不与我为敌，杀他们干什么？反而在得知他们常受泰赤乌部的虐待，既没有帐篷，粮食也不充足之后，主动提出：既然如此，那就请你们和我们一块住宿，明日打猎所获大家平分。第二天，铁木真果真兑现了诺言，朱里耶人对此十分感激，都说泰赤乌无道，铁木真大度，纷纷投靠。这事传到泰赤乌部后，大将赤老温也来投靠，就连曾经射杀铁木真坐骑的勇士哲别也投到了铁木真的麾下，铁木真就这样不战而胜。

这两则故事讲的是宽容得到的回报，也是宽容创造的奇迹！

心灵悄悄话
XIN LING QIAO QIAO HUA

人与人之间，什么时候学会了宽容，学会了正确的宽容，那才是一个真正充满爱的世界，一个生机勃勃的世界。

生活是一个任人想象的谜

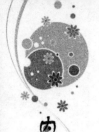

许多事情总是想象比现实更美，相逢如是，离别亦如是。当现实的情形不按照理想的情形发展，事实出现与心愿不统一的结局时，遗憾便产生了。遗憾可以彰显出悲壮之情，而悲壮又给后人留下一种永恒的力量，也许生活带走了太多东西，可是却留下片片真情。

有过遗憾的人，必定是感觉到深切的痛苦的人，这样的人也必定真实的活过，付出过最真的心，用自己的行动演绎过至真至纯的情感，令人心动和感慨。

错过的一切如同错过的时光一样，无法找回，只是错过一点点，就会错过太多，或许还会错过一辈子，留下终身的遗憾，有时我们本可以轻易地拥有，然而却让它悄然溜走了。

不必再去说割舍不下什么，因为已经没有选择的余地了，美好的东西总是太多，我们不可能全部都得到，但对于已经不属于自己的东西，不必再奢望什么，无缘的人总是留下遗憾，在那一个个熟悉的画面里，凋零着各种情绪的味道，在那一个个生动的故事里，多想为它画上一个省略号，却在命运的无奈中被迫为它画下句号，于万丈红尘中的空望，洗却铅华之后的暗伤，将永远与对方形同陌路。

其实有许多感情从开始到结束，不管结果如何，只要有过这种让自己曾有过让心灵为之震动的感觉，这本来就是一种富有，一个温暖的感情矿藏，一种生命中最厚重的拥有。

毕竟曾经交换过彼此的快乐和寂寞，不要再难过，人总得去面对醒来的一切。

人世本无常，岁月流逝如梦一场，曾经的梦想和誓言如落叶般随风飘荡到不知名的地方，但我们要始终相信当初说它的时候是发自内心的。

在每个人的工作、生活、学习中都会或多或少的遗憾，没有几个人会喜欢它，但是它确确实实又是生命中的收获，可以入心且无声，像长了翅膀，在偌大的心灵世界里自由飞翔。它可以是美好的回忆，也可以是痛苦的煎熬，带给人的是对生命更多、更深刻的感悟。没有经历过遗憾的人生是不完整的，遗憾是一种感人的美，一种破碎的美，因为有它，人世间一切的真善美将更值得称颂；因为有它，生命将更值得回味；因为有它，就有了远走天涯的念想。

懂了遗憾，就懂了人生，在经历以后，我们才会学到许多，明白许多，也成熟许多。

人生之路，一定不会总有枝繁叶茂的树、鲜艳夺目的花朵、蝶飞蜂舞的美好景色，它一定也会有阻挡在前的高山和荒凉的沙漠；一定不会总有阳光照耀下缤纷的色彩，也会有阴天时的迷雾重重；生活不仅有灿烂的笑颜，还会有无言的泪水，任谁也无法轻松的跨越。

懂了遗憾，就懂了人生，遗憾是人生的必历之路，但还是希望大家都能少一点遗憾，尤其希望两个真心相爱的人能幸福长久的生活在一起。

人生没有完美，生活也没有完美，遗憾和残缺始终都会存在，穿越过岁月的风雨，才发觉已经失去的东西很珍贵，没有得到的东西也很珍贵，但世间最珍贵的还是去把握现在，去珍惜这似水的流年，即使将来容颜不再，至少还可以对自己说："我有遗憾，但是遗憾过后，我曾坚定的好好生活过，我不后悔。"

生命只是沧海之一粟，然而却承载了太多的情，聚散浮生，不甘心也好，不情愿也罢，生活一直都是一个任人想象的谜，因为不知道最终的谜底，也只能一步步地向前走。

吉吉超市新购进一批高档杯子，样式新颖，色调匀称，超市艾经理相信它们一定能成为一批抢手货。

然而，奇怪的是，一周过去了，一个月过去了，顾客购买的却很少。看到这么漂亮的杯子，许多顾客先是一阵惊喜，但当拿到手仔细看过之后，均摇摇头，放下杯子走开了。

艾经理百思不得其解，就去求教一位心理学家。

心理学家拿起杯子，细细看过之后，便叫经理马上派人把这批杯子上的盖子全部取走，但杯子仍放在柜台上原价出售。

“这批杯子，杯身设计新颖、做工精细，但它们的盖子却有一处缺陷，顾客们想买下杯子，却又总觉得买了吃亏。如今盖子一去，它们又成了一批完美的杯子。”

十天后，这批杯子被抢购一空。

心灵悄悄话
XIN LING QIAO QIAO HUA

很多时候，我们的烦恼不是来自对“美”的追求，而是来自对“完美”的追求。由于刻意追求完美，我们不能容忍缺陷的存在，结果，经常一点小小的缺陷，就可能遮蔽住我们审美的眼睛，使我们的目光滞留在缺陷上，而忽略了周围其他的美好之处，以致错过了许多美好的东西。

第七篇 人生没有草稿

我们总是把希望寄托于明天，并不会把握今天。可是，又有多少人知道，让人跌倒的是泥泞，而让人站起来的也是泥泞！没有一段在泥泞中打滚、在沙漠中干渴、在沼泽中沉陷的人生，是经不得起考验的。懒惰，亦是谱写人生的劲敌之一。因为懒惰，使我们在时间里徘徊，使我们在岁月里蹉跎，止步不前。

人们总是为昨天的遗憾而叹息。但这只是一种愚蠢的做法，因为昨天已成历史，已确凿地写在的人生上，抹不去，擦不掉。唯一可以做的就是不要让今天成为明天的遗憾。

演好自己人生的角色

人生如戏，可又有别于戏。它没有预演的机会，一旦拉开了序幕，不管你如何怯场，都得演到戏的结尾。因为，人生是没有草稿的。面对人生，有人小心谨慎，三思而后行，以求尽可能有一个完美的人生；有的人却漠不关心，乱冲乱撞，直到自己无力地在生死边缘挣扎时，才懂得流泪。乱涂乱画的人生，注定逃不过被丢进纸篓的命运，成为一张毫无用处的废纸。细心描绘的人生，尽管并不是完美的，但它却可以得到命运的垂青和怜爱，成为上帝的宠儿。

我们总是犯着同样的错误：总把希望寄托于明天，并不会把握今天。可是，又有多少人知道，让人跌倒的是泥泞，而让人站起来的也是泥泞！没有一段在泥泞中打滚、在沙漠中干渴、在沼泽中沉陷的人生，是经不得起考验的。懒惰，亦是谱写人生的劲敌之一。因为懒惰，使我们在时间里徘徊，使我们在岁月里蹉跎，止步不前。人们总是为昨天的遗憾而叹息。但这只是一种愚蠢的做法，因为昨天已成历史，已确凿地写在人生里，抹不去，擦不掉。你唯一可以做的就是不要让今天成为明天的遗憾。

如果活过来的人生是个草稿，能够把它誊写一次该有多好！是的，生命对每个人来说只有一次，谁都想让它精彩且辉煌，可惜的是，人生是没有草稿的。人生没有完美可言，生活中处处存在着遗憾，这才是真实的生活。纵使人生有着许多遗憾，如果你能平静的注视自己，然后将一生串联起来，无论平凡还是伟大，你的生命都会被赋予不菲的价值，因为它已经经受过灵魂的洗礼，因为我们已经能够回答自己人生的命题了。人生的每一步都应弥足珍贵，步履芬芳。

两座相邻的山头，北山和南山，两座相似的庙宇，北庙和南庙，两个同样老的和尚，却有着不同的境况：南庙终年香火不断，佛香缭绕，北庙却冷冷清清。北边的香客宁可翻山越岭爬过两座山，或者开着私家车绕过两条盘山公路，也要到南庙烧香。眼看香客越来越少，香火越来越薄，北庙的老和尚坐不住了，带了足够的干粮，独自下山、上山，他想到南庙看个究竟。

入夜，山里一片寂静，两个老和尚坐在庙外的石桌前品茶。北庙的老和尚一脸迷惘说道："论庙宇，北山比这儿修的要好，论诚意，我认真接待每位香客，不敢丝毫懈怠。为什么这儿香客如织，而北山却寥寥无几？"主人笑而不答，起身续了一壶高山茶，袅袅水雾中，取出了白天所用的佛签说道："来，抽一签！"北庙的老和尚犹豫了一下，认真地取了一只说："上签！"主人看也不看签上的内容说："再抽一签！"又取一签还是上签。主人把签放在一旁还是不看说："再抽！"仍是上签。北庙的老和尚拿签的手停留在半空中，狐疑地看着主人说："怎么还是上签？""接着抽！"这次，北庙的老和尚索性取了三支，全是上签！"难道……"他大惊，而后大怒，"这不是愚弄香客吗？世上之事天有阴晴，月又圆缺，事有成败，为何不按佛意如实相告呢？"

主人笑着摇摇头："香客何以求佛？或为情所困，或为功名利禄所扰，心如乱麻，举棋不定需要佛祖指点迷津，授以佛意。一支上签，对处于灰色中的世人来讲，无异于一世的佛光，它带给世人的是人能全、事能圆的坚定信念，世人会因为一支上签点亮心灵之灯，挣脱纷扰，分辨是非，以足够的信心和勇气迎接生活。心有七窍，还有什么比信心更重要呢？世上之事本一善一恶，告诉世人摒弃恶念，一心向善，方可成功，如此而已，怎能说是愚弄呢？"

心灵悄悄话

XIN LING QIAO QIAO HUA

好的理念就会产生好的结果，心存善念就是善摄生者，道理就这么简单。人最宝贵的是生命。珍爱生命，远避危险是人人都要掌握的课程。

对生活投入你的感情

人生就像是一场漫长的旅行,从起点到终点,中间的那段距离便是在途中。消极的人总是认为人生就是一场奔赴死亡的约会,匆匆地走到终点,忽略了途中所有美丽的风景。在死亡的前夕,回味这一生有太多的遗憾,有太多的不舍,所有的遗憾和不舍最后伴着悔恨归隐尘土。人要学会安于途中,享受途中所获得一切无论是开心的还是悲伤的。只有安于途中,珍惜人生的每时每刻,生命才不会虚度。

在情感的世界里,从来就没有适不适合的,只有珍不珍惜的。只有懂得珍惜的人才会幸福。爱情不是荡秋千而是坐跷跷板,荡秋千一个人可以自得其乐,不需要别人的回应,而坐跷跷板需要一个人坐在对面与你互动,贴近你内心的感觉。尊重和信任是爱的心脏。当某一天任何一方伤害它,爱便会死亡。最后生生地以痛来告别,相信和珍惜是爱最大的光环,想要让自己的人生灿烂,就要为自己多创一些光环。

一位哲学大师曾经说过:“生命本身是一张空白的画布,随便你在上面怎么画;你可以将痛苦画上去,也可以将完美的幸福画上去。”

不要把工作视为生活之外的烦人事项,而是要把工作融入我们的生活,融入我们的心中,那么,我们自然而然就会心甘情愿地付出,就会用最热情的心去感受这个生活的必需。

美国有线电视新闻网著名的脱口秀主持人拉里·金,出生于纽约的布鲁克林区,10 岁时父亲因心脏病去世,从此靠着公众救济,金长大成人。

从小便向往广播生涯的他,从学校毕业后先是到迈阿密一家电台当管理员,经过一番努力才坐上主播台。

他曾经写了一本有关沟通秘诀的书,书名叫《如何随时随地和任何人聊天》。书里提到他第一次担任电台主播时的经历。他说,那天如果有人碰巧听到他主持节目时，一定会认为："这个节目完蛋了。"

那天是星期一，上午8:30分他走进了电台，心情紧张得不得了，于是不断地喝咖啡和开水来润嗓子。

上节目前，老板特地前来为他加油打气，还为他取了个艺名："叫拉里·金好了，既好念又好记。"

从那一天开始，他得到了一个新的工作、新的节目与新的名字。

节目开始时，他先播放了一段音乐，就在音乐播完，准备开口说话时，喉咙却像是被人割断似的，居然一点声音也发不出来。

结果，他连播了三段音乐，之后仍然一句话也说不出来，这时，他才沮丧地发现："原来，我还不具备做专业主播的能力，或许我根本就没胆量主持节目。"

这时，老板突然走了进来，对着满脸丧气的拉里·金说："你要记得，这是一项沟通的事业！"

听到老板这么提醒，他再次努力地靠近麦克风，并尽全力地开始他的第一次广播："早安！这是我第一天上电台，我一直希望能上电台……我已经练习了一个星期……15分钟前他们给了我一个新的名字，刚刚我已经播放了主题音乐……但是，现在的我却口干舌燥，非常紧张。"

拉里·金结结巴巴地一长串说了出来，只见老板不断地开门提示他："这是一项沟通的事业啊！"

终于能开口说话的他，似乎信心也唤回来了。这天，他终于实现了梦想，成功地完成了梦想！

那就是他广播生涯的开始。从此以后，他不再紧张了，因为第一次广播经验告诉他只要能说出心里的话，人们就会感到你的真诚。

身为著名主播，拉里·金的经验是"谈话时必须注入感情，表现你的热情，让人们能够真正分享你的真实感受。"

对拉里·金来说，广播不只是一项沟通的事业，更是充实他精彩人生的第一要素，所以，他在书中一直告诉我们："投入你的感情，表现你对生活的热情，然后，你就会得到你想要的回报"。

这不仅是拉里·金在奋斗的道路上所体悟出来的成功秘诀，也是每个希望成功经营自己的有心人最为有用的成功指引。

冰心说：“爱在左，同情在右，走在生命的两旁，随时撒种，随时开花，将这一径长途，点缀得香花弥漫，使穿枝拂叶的行人，踏着荆棘，不觉得痛苦，有泪可落，却不是悲凉。”

生活不管怎样，投入并懂得珍惜的人生才是最幸福的。

心灵悄悄话

XIN LING QIAO QIAO HUA

其实，痛苦并非必然的结果，幸福亦非遥不可及，全看你用什么态度去涂画自己的生活和工作。

不必太完美

我们当然应该努力做到最好，但人是无法要求完美的。我们面对的情况如此复杂，以致无人能始终都不出错。

然而，有时人们并不能正确对待自己的过失。也许我们的父母期望我们完美无瑕；也许我们的朋友常念叨我们的缺点，因为他们希望我们能够改正。而他们难以谅解的是因为我们的过失总在他们最脆弱的时候触痛了他们的心。

这让我们感动负疚。但在承担过错之前，我们必须问问自己：那是否真是我们应背负的包袱。

也许正是失去，才令我们完整。一个完美的人，在某种意义上说，是个可怜的人，他永远也无法体会有所追求、有所希冀的感觉，他永远也无法体会爱他的人带给他某些他一直求之不得的东西时的喜悦。

一个有勇气放弃他无法实现的梦想的人是完整的；一个能坚强地面对失去亲人的悲痛的人是完整的，因为他们经历了最坏的遭遇，却成功地抵御了这种冲击。

生命不是上帝用于捉弄你的错误的陷阱。你不会因为一个错误而成为不合格的人。生命是一场球赛，最好的球队也有丢分的记录，最差的球队也有辉煌的一天。我们的目标是尽可能让自己得到的多于失去的。

如果我们能勇敢去爱、去原谅，为别人的幸福而慷慨的表达我们的欣慰，理智的珍惜环绕自己的爱，那么，我们就能得到别的生命不曾获得的圆满。

也许我们以为得到或达到了完美，然而却发现太完美也就等于乏味。同时在过度追求完美的过程中，我们也许错失了更生动的风景。

“金无足赤，人无完人”。世上有谁见过绝对完美的人和事物呢？那是根本不存在的。既然不存在，我们就不要去苛求它。苛求完美是一种畸形的心态，表面上看似乎很美很诱人，而实际上是个美丽的陷阱，可能会让我们把精力都用在一些琐碎的小事上，而忽略了对大局的把握。

下面这几段文字，是一位85岁、得知自己不久将离开人世的老先生写的，很值得一读。

如果我能重活一次，我会尝试犯更多的错误。我不会那么刻意要求完美，我要多休息，随遇而安，我处事不会像这次那么精明。其实时间值得去斤斤计较的事少得可怜。我会更疯狂些，也不那么讲究卫生。你知道，我就是那种一天又一天，一个钟点又一个钟点，过得小心谨慎、清醒合理的人。哦，我也曾放纵过，如果一切能重来，我要享有更多的那样的时刻，每一刻，每一秒。如果一切能重来，我要在早春赤足到户外，在深秋整夜不眠。我要多坐几遍旋转木马，多看几次日出，跟更多的儿童玩耍，只要人生可以重来。

不必过分注重自己的形象；不要总想着自己的身体缺陷。每个人都有自己的缺陷，完美无缺的人是不存在的。对自己的缺陷不要念念不忘，其实，人们是不会刻意注意那些缺陷的。只要少想，自我感觉就会更好。

此外还要注意修正理想中的自我。每个人都有自己的理想，都看到自身的不足并朝着理想努力，这是一个人进步的动力。但是，当期望值太高时，受到挫折就不可避免了，所以应该努力使理想自我的内容符合现实自我所能做出努力的程度。

心灵悄悄话
XIN LING QIAO QIAO HUA

当我们接受人的不完美时，当我们能为生命的继续运转而心存感激时，我们就能成就完整；而别的人却渴求完整，当他们为完美而困惑的时候。

幸福不必太苛求

幸福只是一种主观感觉、一种精神上的愉悦。只要你用心去感受，幸福无处不在。

传说，上帝在赐给人间幸福之前，曾经和天使们进行了一场激烈的讨论，商量着要如何收藏幸福，才能让那些找到它的人们更珍惜。

有一位天使发言："我觉得藏在高山的顶峰最好，这样不仅难以发现，即使发现了，想找到也要付出很大的努力。"上帝摇摇头，对这个答案不甚满意。又有一位天使说："那么把它藏在丛林中吧，只有那些勇敢的、富于冒险精神的勇士才可能找到它。"上帝依然摇摇头。

天使们的答案五花八门，但依然没有哪个令上帝满意。这时，有一个天使说："还是藏在人们心中吧，谁会想到幸福就在自己心中呢？"

上帝听了，非常高兴，从此，幸福便常驻我们的心中。

人生没有完美，幸福没有一百分；就如同圆月和弯月，一种是圆润的美、丰盈的美。而另一种是残缺的美、哀婉的美、凄楚的美。人生又何尝不是如此呢！

人的一生就是一条没有回头的路，磕磕绊绊一直走在泥泞与平坦交织的路上，有数不完的坎坷，也有看不完的风景；其实人生很难，高山流水遇知音，又有几人？人的一生都在倾诉者和倾听者这两个角色之间转换。真正知己的人不需言语，灵魂相遇，是碰撞后的火花带来的快慰，真正的朋友不解释、不说明、不道歉，静默以待，心有灵犀。

有些事，问的清楚便是无趣，连佛都说，人不可太尽，事不可太尽，凡事太尽，缘分势必早尽。所以有时候，难得糊涂才是上道。我非常认同郑板桥他老人家的那句名言：难得糊涂！

学会自己欣赏自己，等于拥有了获取快乐的金钥匙；欣赏自己不是孤芳自赏、欣赏自己不是唯我独尊、欣赏自己不是自我陶醉、欣赏自己更不是故步自封……自己给自己一些自信，自己给自己一点愉快，自己给自己一脸微笑，何愁没有人生的快乐呢？

如果你累了，就放纵一次吧，让自己的心哭出来，让自己的泪流出来；如果你累了，就放纵一次吧，让自己的爱放出来，让自己的恋溜出去；如果你累了，就放纵一次吧，让自己的歌飞出去，让自己的苦减退下去；如果你累了，就放纵一次吧，让自己的恨泄出去，让自己的痛放出去。

跟自己说声对不起，因为总是莫名的忧伤；跟自己说声对不起，因为曾经为了别人为难了自己；跟自己说声对不起，因为伪装自己很累；跟自己说声对不起，因为很多东西自己没有好好去珍惜；跟自己说声对不起，因为倔强让自己受伤了，生活还在继续，我微笑着原谅了自己……

每个人都有辛酸苦辣，只是不说罢了；我也有执着不放，我也有千回百转，只是不说罢了；我不是装傻、装乖，只是不说罢了；给你一个改正错误的机会；人啊，越是在逆境中的时候，越要把脊梁挺得直直的，脸上始终保持着明亮的笑容，在人生的舞台上展示自我顽强的魅力。人，当你鹤立鸡群的时候，你也许会受到同类的指指点点，但你不要在意，其实他们心里正想模仿你呢！

一沙一世界，一花一天堂；双手握无限，刹那是永恒！

有一个女孩想自杀，被一个老人撞见了，未遂。女孩哭诉了好多自杀的理由，老人说了救她的理由。第二天，老人拿了张“一句话设题答卷”让女孩看。设题是：如果可能，你所要的最大幸福是什么？

一张纸上有五个人的回答，五个人的回答分别是：

“有个家！”

“有爱我的爸爸妈妈！”

“有一双明亮的眼睛！”

“能听一听鸟儿歌唱！”

“能起来走一走！”

女孩不懂。老人拉她去见这五个答题的人。女孩见了五个答题的人之后，拥紧老人哭说：“我错了，谢谢你！”

这五个答题的人是五个孩子——孤儿，弃儿，盲人，聋哑人，瘫痪者。

与此相比，女孩一下子便拥有了五个人的“最大的幸福”，还绰绰有余！

老人的理由是：幸福，要用心来做尺子。尺子，是要有刻度的；没有零线就没有刻度，没有尺度，就没有幸福。

幸福有时就像空气一样时时围绕在我们身边，只是我们有时忽视了它的存在。世界上缺少的不是幸福，而是发现幸福的眼睛和心灵。相信只要我们用心去寻找，就能找到开启幸福之门的金钥匙。

心灵悄悄话

XIN LING QIAO QIAO HUA

你若渴了，有水便是幸福；你若累了，有床便是幸福；你若失败了，看见成功的曙光便是幸福；你痛苦时，有亲人在身边便是幸福……

第八篇 原谅一切可以原谅的

原谅是什么？原谅是一种风度，是一种情怀。原谅是一种溶剂，一种相互理解的润滑油。原谅像一把伞，它会帮助你在雨季里行路。

学会原谅吧，去拥抱辜负了你和你所辜负的人吧！原谅别人是一种豁达。原谅自己是一种释怀。原谅一切可以原谅的一切，学会了原谅，你会发现你轻松了、愉快了、自信了、成熟了。所有的恩恩怨怨，都会让岁月磨平；所有受过的伤，所有流过的泪，都让那海浪带走！原谅自己并不意味着对自己的放纵，原谅别人并不代表着丢弃原则，原谅生活并不是不热爱生活。

原谅是一把伞

人的一生中会遇到不顺心的事，会碰到不顺眼的人，如果你不学会原谅，就会活得痛苦，活得累。

原谅是一种风度，是一种情怀，原谅是一种溶剂，一种相互理解的润滑油。原谅像一把伞，它会帮助你在雨季里行路。

原谅自己不能成就伟业，不能出人头地，原谅自己不能才华横溢，原谅自己没有成为富翁。原谅自己，别紧紧抓住自己的弱点、缺点、过失不放，太苛求自己，只会使自己丧失自信和勇气，放弃希望与上进心。要放下包袱，给自己解压，相信以后的人生还有机会。

原谅别人，人和人之间难免有碰撞有摩擦有矛盾，或许对方根本就是无意，或许对方有难言之隐，退一步天地宽，不妨试着置之一笑，给别人也给自己一次机会，也许会有意想不到的收获。原谅别人需要有自我牺牲的精神，具有高远的宽阔的胸怀，吃亏并不代表软弱可欺，因为原谅远比报复好！

原谅生活，因为它永远像天空一样，并不总会纯净透明，晴空万里，它会让你欢笑，也会给你悲伤。它不会让你一直能幸运幸福，它会让你尝遍酸甜苦辣咸。假如你不能原谅，一定会难以承受，后果是你会生活在“水深火热”之中，受尽折磨。

原谅是什么？原谅自己并不意味着对自己的放纵，原谅别人并不代表着丢弃原则，原谅生活并不是不热爱生活。

有一次，发明大王爱迪生和他的助手们制作了一个电灯泡。那是他们辛苦工作了一天一夜的劳动成果。

随后，爱迪生让一名年轻学徒将这个灯泡拿到楼上另一个实验室。这名学徒从爱迪生手里接过灯泡，小心翼翼地一步一步走上楼梯，生怕手里的这个新玩意儿滑落。但他越是这样想，心里就越紧张，手也禁不住哆嗦起来，当走到楼梯顶端时，灯泡最终还是掉在了地上。

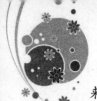

爱迪生没有责备这名学徒。过了几天，爱迪生和助手们又用一天一夜的时间制作出一个电灯泡。做完后，还得有人把灯泡送到楼上去。爱迪生连考虑都没考虑，就将它交给了那名先前将灯泡掉在地上的学徒。这一次，这个学徒安安稳稳地把灯泡拿到了楼上。

事后，有人问爱迪生："原谅他就够了，何必再把灯泡交给他拿呢？万一又摔在地上怎么办？"爱迪生回答："原谅不是光嘴巴说说的，而是要靠做的。"

心灵悄悄话
XIN LING QIAO QIAO HUA

原谅是一种风度，是一种情怀。原谅是一种溶剂，一种相互理解的润滑油。原谅像一把伞，它会帮助你在雨季里行路。

豁达的人生态度

有这样一个故事：一位身经百战、出生入死的老将军，解甲归田后，以收藏古董为乐。有一天，他在把玩最心爱的一件古瓶时，不小心差点脱手，吓出一身冷汗。他突然若有所悟：为什么当年我出生入死从无畏惧，现在怎么会吓出一身冷汗？片刻后，他悟通了——因为我迷恋它，才会有患得患失的心；必须破除这种迷恋之心，学会豁达，就没有东西能伤害我了，遂将古瓶掷碎于地。

老将军的豁达之悟，让人佩服！古代也有一位金碧峰禅师，过分喜爱他乞食的玉钵，因为贪念，几乎被引见的狱卒拘去，幸亏他觉醒的早，掷破玉钵，舍去贪念。他说："若人欲拿金碧峰，除非锁链锁虚空，虚空若能锁得住，再来拿我金碧峰。"老禅师好在突破了贪念，进入到豁达的境界，眼前的一切都变得月朗风清。

豁达绝非圆滑世故，豁达是修行，它与节制为伴，知道有所为有所不为。从欧阳修的"读苏轼书，不觉汗出，快哉！快哉！老夫当避路，放他出一头地也"，我看到一种长者的豁达；从王维的"行至水穷处，坐看云起时"，我看到了一份超然的豁达；从另一位名人所说的"只要活着，就是美好的"，我看到一份自足的豁达。

"宠辱不惊，看庭前花开花落；去留无意，望天上云卷云舒。"凡事看开一点，超脱一点，得到的无疑是潇潇洒洒、轻轻松松的生活。

豁达不是放纵闲适，豁达是人生的高境界、大追求。豁达亦即放达、旷达、通达，豁达贵在有"达"，豁达能成就光辉灿烂的事业和人生。

人生在紧要关头处，选择与豁达为伴，就像收获心灵的一方乐土和澄净和谐的氛围。悲观和豁达其实就像一对冤家，无处不相逢。你选择了悲观就等于你远离了豁达。人生不能没有希望，如果一个人生活在无望之中，他也只能注定是一个败者。人的一生不可能奢求取得多么大的成就,有了希望,做每一件事情都会觉得得心应手。不甘心永远处于失败的境地,即使是败局已定,仍然一如既往地坚持下来。失败了并不可怕,可怕的是失败后从此一蹶不振。从心里认定自己是败者,一味地否定自己而盲目崇拜一个人就是一种荒谬的行为。每个人都有自己的优点和缺点,术业有专攻,如是而已。既要看到自己的长处,也要看到自己的短处和不足。于不足之处下苦功夫,借鉴成功人士的经验。

豁达是一种感觉,不是因为你是有钱人,或者你是有地位的人,只有从心里感到真正的豁达,才是真正的豁达,才能达到利吾身心的作用。

追求豁达的人生态度其实就像一次旅行,沿途的风景和经历会丰富你的阅历,会一次次的冲击你的心灵。昙花独自开放着朴素的美丽,于无人处默默地绽放。秋菊于萧瑟的秋风中送来点点的清香。冬梅于寒风中独自开蕾,不与万花争艳,零落成泥碾作尘,只有香如故。随着见闻的广博,我们会渐渐地舍弃一些无多大意义的东西,人生不在于长短而在于生命的厚度,于人生之中创造的价值。我们不求拥有很多的财富,拥有常人所无法拥有的东西,只要自己觉得快乐,自己觉得一天的时间里没有浪费掉不该浪费的时间就行了。金钱和名利只不过是外界的附属品,生不带来,死不带走,刻意地去追求,并不能彰显人生的意义。"淡泊以明志,宁静以致远"是古人不求名利的气节。我们同样也可以做到,保持内心的方正和心灵的纯洁,我们可以看到自己舍弃之后获得的更大的快乐。

豁达,于无声中悄然绽放着美丽的花蕾。

心灵悄悄话

XIN LING QIAO QIAO HUA

豁达是人生的高境界、大追求。豁达亦即放达、旷达、通达,豁达贵在有"达",豁达能成就光辉灿烂的事业和人生。

握紧心中那把快乐的钥匙

一个成熟的人应该掌握自己快乐的钥匙，他不期待别人使他快乐，反而能将快乐与幸福带给别人。每个人心中都有一把快乐的钥匙，但我们却常在不知不觉中把它交给别人掌管！

一位女士抱怨道："我活得很不快乐，因为先生常出差不在家。"她把快乐的钥匙放在先生手里。一位妈妈说："我的孩子不听话，叫我很生气！"她把快乐的钥匙交在孩子手中。男人可能说："上司不赏识我，所以我情绪低落。"这把钥匙又被塞在老板手里。婆婆说："我的媳妇不孝顺，我的命真苦！"年轻人从文具店走出来说："老板服务态度恶劣，真把我气炸了！"

这些人都做了相同的决定：就是让别人来控制他的心情！

当我们容许别人掌控我们的情绪时，我们便觉得自己是个受害者，对现状无能为力，抱怨与愤怒成为我们唯一的选择。我们开始怪罪他人，并且传达一个讯息："我这样痛苦，都是你造成的，你要为我的痛苦负责！"此时我们就把这一项重大的责任，托付给周围的人，即要求他们使我快乐。我们似乎承认自己无法掌控自己，只能可怜地任人摆布。这样的人使别人不喜欢接近，甚至望而生畏。

一个成熟的人能够掌握住自己快乐的钥匙。他情绪稳定，能为自己负责，和他在一起是种享受，而不是压力。

修行人教我们：要做自己的主人，不要被环境、物欲左右；圣经教我们：要"常常喜乐，凡事包容，凡事感恩。"你的钥匙在哪里？在别人手中吗？快去把它拿回来吧！快乐的源泉来自自己，而非他人！

富有的国王有一个不快乐的王子，国王不知道王子为什么不快乐。

有一天，他问王子："你什么东西都有了，为什么还不快乐呢？"

王子说："就是因为我什么都有了，所以我才不快乐。"

不快乐的王子要去找快乐。有一天,他遇到一位快乐的樵夫。

王子问:“为什么你什么都没有,还会这么快乐?”

樵夫说:“谁说我什么都没有。春天的百花是我的,秋天的明月是我的,夏天的凉风是我的,冬天的白雪也是我的;我比谁都富有,怎么会不快乐?”

不快乐的王子要去找快乐。有一天,他遇到一位快乐的樵夫。

王子问:“为什么你什么都没有,还会这么快乐?”

樵夫说:“谁说我什么都没有。我吃的饭和你一样多;我睡的床和你一样大;我做的梦和你一样美;你不能自由自在地到处游玩,我可以;你不能随随便便地躺在地上看云,我可以;为什么我会不快乐?”

不快乐的王子要去找快乐。有一天,他遇到一位快乐的樵夫。

王子问:“你那么穷,为什么会那么快乐?”

樵夫说:“谁说我穷,你比我还穷。”

“我比你还穷,这话怎么说?”王子一脸怀疑。

“你是王子,以后会变成国王。如果再多拿一个国家来跟你换你现在拥有的自由,你肯不肯?”

“当然不肯。”“那么自由是不是比国土还珍贵?”“是的。”“我比你自由,你想我会比你穷吗?”

不快乐的王子问快乐的樵夫:“你只有一间破茅屋,我有一座大宫殿,为什么你比我快乐?”

“拿我的快乐换你的宫殿,你肯不肯?”“不肯。”“所以,你不快乐。”

心灵悄悄话

XIN LING QIAO QIAO HUA

你知道快乐躲在哪里吗?它躲在春天的百花中。它躲在秋天的明月里。它躲在夏天的凉风里。它躲在冬天的大雪里。它躲在自由自在的生活中。它躲在没有拘束的茅屋里。只要你知道什么时候该去闻一闻花香,只要你知道什么时候该去听一听虫鸣,只要你敢随随便便地躺在地上看云,那么,快乐就离你不远了,它会自己来找你的。

对着上帝微笑

有一个小女孩每天都从家里步行去上学。

一天早上天气不太好，云层渐渐变厚，到了下午时风吹得更急，不久开始有闪电、打雷、下大雨。小女孩的妈妈很担心，她担心小女孩会被打雷吓着，甚至被雷打倒。

雷雨下得愈来愈大，闪电像一把锐利的剑刺破天空。小女孩的妈妈赶紧开着车，沿着上学的路线去找小女孩。她看到自己的女儿一个人走在街上，却发现每次闪电时，她都停下脚步，抬头往上看，并露出微笑。

看了许久，妈妈终于忍不住叫住她的孩子，问她说："在做什么啊？"

她说："上帝刚才帮我照相，所以我要笑啊！"

人生偶有失意，在所难免，一向得意容易让人忘形；为失败哀怨，对现实不满也是无用之举，一切当以心宽化解之。

俗话说："不如意事常八九。"如此人生岂不让人伤心透了？否。有句话你是知道的，叫"好事多磨"。我们应该有这个信念：失意是一种磨炼的过程，心即使在冰冻三尺之下也不会凉的。有瑞雪兆丰年之说，雪愈大，年愈丰。

"比海更宽的是天空，比天空更大的是人的心灵。"生活不论如何磨人，如何将你压缩在一个四方的小盒子里，但思维的空间是不受限制的，心灵的视野没有藩篱，无比宽广，任你驰骋。来去自如，生命的迷人之处就在这里！

站得高，你就看得远。红橙黄绿青蓝紫，七彩人生，各色不同；酸甜苦辣咸，五种味道，各有所好；喜怒哀乐悲恐惊，七种情感，品之不尽。没有一帆风顺的人生。如果一生无挫折，未免太单调、太无趣、太乏味。没有失败的尴尬和忍辱，哪来成功的喜悦？也许你就是忍受不了人情的冷暖和失败的打击，抱头哀叹，早已说过"不如意事常八九"，你自己还会遇到，那就当它是横亘于面前的一块石头吧，摆正它，蹬上去！也许视野会更开阔、心胸会更豁达呢！

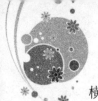

人很善良，常常把宽容给了陌路，把温柔给了爱人，却忘了给自己留一点。有一句话很有用，叫“没什么”。对别人总要说许多“没什么”，或出于礼貌，或出于善良，或出于故作潇洒，或出于无可奈何；或是真不在意，或是别有用心。不管出于什么，谁让生活有那么多不尽人意之处？如果你要劝解自己，也要学着这么说。缺少阳光的日子很忧郁，你要学会说“没什么”，失去朋友的生活很寂寞，你要学会说“没什么”。自己已经很累了，需要一种真诚的谅解，说句“没什么”，对你自己，对自己疲惫的心灵。这么说着，并不是让你放纵所有的过错，只是渴求自拔；也不是决意忘怀所有的遗憾，只是拒绝沉溺。自己劝慰自己才管用。

人有同情心，见别人伤心——除了敌人和仇家——自己也不会快乐，总要上前劝一劝。劝告是出于善心，言语也很有哲理，然而听的人未必都能听得进去，听进去了也未必照此行事，因为剧痛使人麻木。有位女作家说：“我不劝任何人任何事。解铃还须系铃人，自己心上的疙瘩只有自己亲自动手方可解开，朋友的话，善良人的话都只是催化剂。自己才是起决定作用的因素。”

总之，失意在所难免，权且把心放宽。

心灵悄悄话

XIN LING QIAO QIAO HUA

生活不论如何磨人，如何将你压缩在一个四方的小盒子里，但思维的空间是不受限制的，心灵的视野没有藩篱，无比宽广，任你驰骋。来去自如，生命的迷人之处就在这里！

不要找借口欺骗自己

遇到挫折，无论怎样怪别人，最终都是徒劳无益的。那么我们也只能是怪自己没有选择好，因为任何时候只怪自己，始终是最明智、正确的生活态度。

小时候，每当我们不小心摔倒后，第一个念头就是找找看是什么东西绊了脚，我们总是怪别人乱放东西，实在找不到什么还可以怪路不平。尽管那样做对于疼痛的减轻并没有直接效果，但能找到一个可以责怪的对象多少算是一种安慰，可以证明自己没有责任。

长大后每当我们遇到挫折时，也总是不自觉找出许多客观原因来开脱自己，实在找不到原因时就说自己的命不好。我们并不认为这样开脱自己其实是一种绝对的幼稚，因为我们总在想方设法一次又一次欺骗自己。

怨天尤人其实是一种懦弱，更是一种不成熟的表现，还掩盖了自己不能面对现实的懦弱，还留下了将来可能重蹈覆辙的隐患。而不客观地责怪他人还会衍生出新的矛盾。一个真正意义上的强者并不是一个一帆风顺的幸运儿，必然要经历各种痛苦和挑战，而战胜一切困难的人首先必须战胜自己，战胜自己的前提就是反省自身，只怪自己。

只怪自己是一种解脱。因为我们不肯认错无非是顾及自己的面子，不肯承认自己的失败，事实上这个世界上从来就没有常胜将军，所有自我的包袱和面子在勇敢地承认自己的失误之时就已经悄然放下了，他会因此变得轻松，所谓“吃一堑，长一智”，善于总结自己的人就会把失败的教训变成自己的财富。

只怪自己是一种力量，而习惯于责怪他人的人迟早招致怨恨。一个勇于律己的人无疑是高尚的，他会因此有包容整个世界的力量，让所有人钦佩其不凡的风度并乐于交往。只怪自己是一种境界。其实，就算别人真有可以谴责之处，过分地责怪也是于事无补的，生气更不能解决任何问题，而从自身检讨才是一条唯一可行的道路。在这个世界上最难以战胜的敌人其实就是自己，如果一个人已经到了只剩下自己这一个对手时，实际上他已经是天下无敌了。

英国劳埃德保险公司曾从拍卖市场买下一艘船。这艘船1894年下水，在大西洋上曾138次遭遇冰山，116次触礁，13次起火，207次被风暴扭断桅杆，然而它从没有沉没过。

劳埃德保险公司基于它不可思议的经历及在保费方面给带来的可观收益，最后决定把它从荷兰买回来捐给国家。现在这艘船就停泊在英国萨伦港的国家船舶博物馆里。

不过，使这艘船名扬天下的却是一名来此观光的律师。当时，他刚打输了一场官司，委托人也于不久前自杀了。尽管这不是他的第一次失败的辩护，也不是他遇到的第一例自杀事件，然而，每当遇到这样的事情，他总有一种负罪感。他不知该怎样安慰这些在生意场上遭受了不幸的人。

当他在萨伦船舶博物馆看到这艘船时，忽然有一种想法，为什么不让他们来参观参观这艘船呢？于是，他就把这艘船的历史抄下来和这艘船的照片一起挂在他的律师事务所里。每当商界的委托人请他辩护，无论输赢，他都建议他们去看看这艘船。它使我们知道：在大海上航行的船没有不带伤的。

心灵悄悄话

XIN LING QIAO QIAO HUA

虽然屡遭挫折，却能够坚强地百折不挠地挺住，这就是成功的秘密。

正视自己

敢于不如人，其实就是敢于承认自己的不足。这是一种期待成长的勇气。每个人都有长有短，真正看清这一点，你才能最后胜于人。

调子放得最低，心态修炼得最静最静，经历了几番风雨几轮挫折，渐渐地，我们都会想明白了，一个人不可能处处胜于人，有得必有失，样样齐全了，你也许会遭到更大的、意料不到的天灾人祸。就像小病小灾缠绵一生的人，往往安享天年，而无病无痛、大红大紫的人常常遽祸忽至，遂不及防。命运往往是无常的，做什么都要留有余地。其实，从另一种角度来说，敢于不如人，也是某种程度上的自信。只有敢于不如人，才能胜于人。天外有天，楼外有楼，一个人怎能时时处处胜过所有的人呢？每个人都有自己的优点与优势，也都有自己的缺点与短处，扬长避短才算机智，拿自己最不擅长的柔弱之处去硬碰别人修炼得最拿手的看家本领，其结果是可想而知的。人会有各种潜能与优越，但你不可能在所有地方都有机会发挥出来，你只能在一个地方用足你的力气，在你没有用力气的地方，在你无暇顾及的地方，你必然不如那些在这地方用足力气的人。你的精力有限，机遇也有限，因此，你能如人的地方肯定很少很少，而不如人的地方绝对很多很多。只有对这一点看明白了，你才有从容的心态，也才能真正地如人了。

完美主义者在做事的时候总是力求不存缺憾，哪怕是无关紧要的细节也不肯放过，却不知要求完美是一件好事，但如果做过了头，反而比不完美更糟糕。

在一个名叫德舍尔多夫的小镇上有一个著名的艺术家，他的作品非常出名。一天，连王子都慕名来请他做雕像。王子要做的是一个自己骑马的铜雕像，艺术家接了活儿便没日没夜地忙起来。

终于，巨大的雕像做成了，被立在德舍尔多夫镇的广场上。王子带了几位大臣来看。雕像是那么的漂亮，王子看到了忍不住惊叹起来。他像个老朋友一样跟艺术家握了手，称赞道："你太伟大了，这尊雕像会使你更加出名。你把我雕得很完美。"王子身边的大臣们听了，对艺术家又妒又恨，想着用什么法子污辱他一番。当然，他们不能挑王子雕像的缺点，因为王子已经说它很完美了。

所以，有个大臣站出来说："请允许我说个不足之处，这匹马的头雕得太大了，跟整座雕像不协调。"另一个接着说："马脖子的弯度不好，这样比较难看。"第三个说："如果把马的右后腿改进一下，这匹马会更加好看。"还有一个人说马尾巴有缺点。

艺术家静静地听他们说完，转向王子说："大臣们找出了马的很多缺点，您让我用几天时间来把这些缺点改正过来吧。"王子同意了。

艺术家在雕像的四周围起了屏风，说这样可以不受打扰地工作。外面的人们只听到里面"叮叮"的响声。几天之后，声音停了。艺术家又叫王子和大臣们来看修改好的雕像。看完后，大臣们一个接一个地说原来的毛病没有了。王子说："大臣们非常满意，谢谢你对雕像进行了修改。"

艺术家微笑道："他们满意就好了，但实际上，我根本没对雕像进行任何修改。"王子惊讶地问道："那你每天'叮叮'地敲什么？"

艺术家说："我在敲大臣们的心态。现在大家都知道了，他们说马的缺点只是出于嫉妒而已。"王子听了，大笑起来，而他身边的大臣们则灰溜溜地跑了。

心灵悄悄话

XIN LING QIAO QIAO HUA

一个人敢于正视自己的缺点和不足，是有勇气的表现，更是智慧的体现，只有自信心不强、缺乏责任感的人，才把自己的缺点造成的失败当成是别人的负面影响所致，而在遭遇失败时，能够勇敢地承担责任并理智地评价自己和别人，才是真正的智者。

第九篇 学会倾听与倾诉

把所有抑郁埋藏在心底，只会令自己郁郁寡欢。不如把内心的烦恼告诉自己的知己好友，心情会顿感舒畅。倾诉可取得内心感情与外界刺激的平衡，去灾免病。当遇到不幸、烦恼和不顺心的事之后，切勿忧郁压抑，把心事深埋心底，而应将这些烦恼向你依赖、头脑冷静、善解人意的人倾诉，自言自语也行，对身边的动物讲也行。一个成熟和冷静的人一定是一个善于倾听的人，也一定是耐心于倾听。做一个善于倾听的人，不但可以让对方信任你尊重你，而且可以使你更好的了解对方，认清自己！

善于倾听

生于红尘俗世，谁都不会是一帆风顺的，都会有不如意。有很大一部分人都会把这些不如意与不痛快埋在心里不愿意倾诉，也许是没有合适的倾诉对象。久而久之，在心里就会形成一种压力，使心理变得不稳定，慢慢地就会形成一种病态，影响了身体健康！这方面真的很重要，应该引起足够的重视。所以，应该尽可能地把埋在心里的这些不悦在适当的机会、适当的时间，向适当的对象发泄出去。

一个成熟和冷静的人一定是一个善于倾听的人，也一定耐心于倾听。这样的人也一定会赢得别人的尊重与信任！现实中，虽说人们最关心的实际上还是自己，但在任何时候，做一个善于倾听的人，不但可以让对方信任你尊重你，同样也可以使你更好地了解对方，认清自己！

有一位作家说过："我们聆听的不仅仅是话语中的含义，也不仅仅是表面的文字，更多的是一个人的心境和心灵的反应。"承认也好，不承认也罢，人们都会希望有一个真正的知己好友来倾听你的倾诉，来读懂你的心声。更多的时候，会向一个相信的人吐露自己的心声，喜悦的与不快的！因为人都渴望被关怀与关爱，而一个真正的倾听者恰恰在做这一点。倾诉与倾听在某种意义上说，都会达到心灵上慰藉！那就让我们做一个真正的倾听者吧！……

我们既然来到这个世界上，就有充分的理由享受生命的快乐，无论是穷人还是富人，都有自己不同的生活方式。但都要学会倾听着去生活，因为倾听着是美丽的，是动人的。

我们在生之初，尽管还听不懂人类的语言，但却开始倾听世界上一切美妙的声音。直到有一天，我们能用母语交流，便开始倾听父母深情的教诲，伙伴们嬉戏的笑声，老师们语重心长的教导……

直到现在，人们在聊天时或者在微博上，都能无所顾忌的谈天论地，谈古论今，谈当下时髦的话题，谈对美好生活的感悟。不知不觉中，人们的情感已经潜移默化地融入了我们的思想。他们的情感得到了淋漓尽致的抒发与释放，表现出一种放下思想包袱的淡定与坦然，一种对美好明天的渴求，对人生积极的期盼。这些精神必将鼓励我们去正视和战胜生活中的困难与艰辛。人这一辈子，不可能蜷缩在一个地方度过一生，可能要到远方去漂泊，去创业。不可避免的接触各种各样的人，与他们打交道。这其中可能会遇到情感迷失的困惑、创业的危机、人生的艰难。

失之交臂的朋友，各奔东西的恋人，不是由于他们不善于搭讪，就是由于他们不善于倾听。

学会倾听，实际是在寻找来自世界上的他人的良好的素养以及感知社会的能力。学会倾听着去生活，你会感到心灵的博大与浩瀚，尽管有时你会感到自己的渺小与生活的无奈，但不管是痛苦还是幸福，都值得感恩，都能萌发我珍爱生命的念头，更能鼓励我用坚强的意志和光明的智慧去滋养自己的灵魂。社会的车轮在飞速前进，人类的思想也在不断进步。不管身处顺境或逆境，都要学会谦虚的去倾听。这是一种境界。在这种境界里，有时你就是敞开灵魂和高尚的人、杰出的人在对话和交流。即使你倾听的对象是一个才能平庸的普通人，请你不必厌倦，不必鄙视，‘三人行，必有我师焉’‘尺有所短，寸有所长’，记着：每个人都有值得学习的地方。

别再把自己圈在工作、吃饭、睡觉这样一个生活的圈子里，那样对你的身心没有任何益处，反而会使你和这个世界变得疏远。停下你忙碌的脚步吧，投入到自然的怀抱，学会倾听着去生活，展开人生那飞翔的翅膀，飞入希望的晨光，生命会因此而多一份意义，也会因此而更加美丽。

心灵悄悄话
XIN LING QIAO QIAO HUA

学会倾听是一种良好的习惯、风格与精神，更是对生命的留恋，对美好明天的向往。

谁是谁的风景

早晨醒来，你是否会立即去打开窗子，让那清新的空气扑面而来，给你一天的好心情？

孤独寂寞时，你是否会打开窗子，让那迎面吹来的凉风带走你的寂寞？

浮躁不安时，你是否会打开窗子，让那生机勃勃的绿树、小草给你恬淡的心境？

夜深人静时，你是否会打开窗子，看云层中的明月及满天闪烁的星星，让无数柔情填满你的胸怀？

朋友，请打开窗子，让窗外一道道独特的风景在你眼前一览无余。看着行色匆匆的过路人，你是否感悟时间的无情，生命的短促？其实我们之所以每日匆忙地赶路，正是为追求那可以随意停下来享受的一刻。

朋友，请打开窗子，不要把自己锁在四面墙壁的困境中，也不要把窗外的世界拒绝，更不要拒绝享受打开窗子时的喜悦。隔着窗户固然可以领略外面的景色，但打开窗子，面对真实的一切，岂不更好？

“你在桥上看风景，看风景人在楼上看你。明月装饰了你的窗子，你装饰了别人的梦。”每个人都是一道风景，每个人都一样怀揣梦想。一样的窗户，一样的明月，谁是谁的风景，谁又是谁的梦？人类自从树上下来后，筑穴而居，不再担心餐风宿雨，不再害怕长蛇猛兽，漂移了千万年的躯体终于得以安顿，于是家便成了每一个流浪个体永恒的梦想。

流浪久了，就想回家，让心灵得以片刻的安宁。安逸惯了，又想出去流浪，外面的世界很精彩。人生总在矛盾里喁喁前行，就如同舞台剧，无冲突，似乎就不成戏。在这个世界，鱼和熊掌总是那样的不可兼得，于是海子怀揣着“面朝大海，春暖花开”的房子梦想，到另一个他能安宁的世界继续追寻。自然，假若能有这样一方山水镶嵌在窗外：山柔情，水妩媚，绿是底色，凉是基调，在眉峰上横亘，在手腕里温润，在心窝里波光潋滟，那么，我们便都成了理想的海子。

钱钟书说，若据赏春一事而言，窗子打开了人与自然的隔膜，把风和太阳逗引进来，使屋子也关着一份春天，无须外出，便可让我们安坐其享。其实，窗子逗引进来的何止是风和太阳，星辉、雾岚、晨钟、暮鼓，朗月载来的皎洁，庭树摇碎的细影，还有飘逸的夜歌，软软的，酥酥的，如初生羊羔的蹄印，又像早春无声的润雨，那样细细的落在心鼓上。

因为我们在自然界生活的太久，一切的人性都深深地刻上了自然的烙印。而今，我们又在屋子里呆的太多，安逸久了就容易“无事生非”：痛苦、忧伤、落寞，阴谋与钩心斗角，无聊且漫无天日的思想，琐碎而经年不绝的工作，一样接着一样倾轧而至。所有的一切，就如雨后轻薄的单衫，紧紧地裹住生命，无法打开，无法挣脱。

自由的生命，都在窗外。哪怕是一只悠闲独步的蚂蚁，电线上晾翅的小鸟，塘里游戈的蝌蚪，泥土下工作的蚯蚓，都比我们活得无拘无束。实际上，我们留恋屋子，留恋的绝不是屋子本身；屋子所困住的，也不是我们的身体，而是心灵。有时候，生命的富有不在于自己拥有多少，而在于能给它多少广阔的心灵空间；同样，生命的高贵，也不在于自己处于什么位置，只在于能否始终不渝的坚守心灵。

“让心灵去旅行”！无论身在茅草土坯的泥屋，还是高楼大厦的公寓，作为窗户本身，它从来没有因为谁而隔断过风景。生活是一场旷日持久的战争，所有的宏大、琐碎、欢愉、单调，都会伴随时间在屋子里霉烂。推开窗户，看看天的高远与蔚蓝，听听鸟的鸣叫，闻闻青草的芳香，你或许能感受到另一种方式的温馨。

心灵悄悄话

XIN LING QIAO QIAO HUA

打开窗户看风景，看风景的人在楼下看你。不一定要波光粼粼，只要心灵如明月，哪怕只是一个梦，哪怕梦里只是装饰，感性的生活本身就是一道美丽的风景。

关爱由倾听开始

有一个感人的故事在厦门上空传诵：一位来厦门的失意青年，在环岛路海边吞下大量的安眠药准备自杀之前，给广播电台打进了热线，诉说了自己的苦闷之情。电台主持人耐心倾听之后，一边安慰他别做傻事，一边采取积极措施寻找他。经过记者、警方、热心市民近百人漏夜的不懈努力，终于成功地挽救了一条年轻的生命。

也曾有这样一个真实的故事：在美国纽约，年轻的医生迈克在去年的圣诞前夜，乘坐飞机想赶回洛杉矶的家里，要和家人一起过节。但在万米高空，飞机遇上了机械故障，机组人员甚至让乘客们都写好了遗书。幸运的是，故障最终被排除了。当迈克经历了大悲大喜之后，一进家门，就向家人讲起了空中惊魂的一幕。可是，他的妻子和孩子都沉浸在节日的浓厚氛围里，根本没有理会他在说着什么。失望之余，迈克竟选择了最古老的方式，把自己吊死在后花园里。

与无人倾听、抑郁而死的迈克相比，这位来厦门的失意青年无疑是幸运的。因为，在他最苦闷的时候，还有人在倾听他的诉说，在为他排忧解难，化解他心灵的郁闷与不快，甚至还将他从死亡线边拉了回来。这，就是一种真心的关爱，这一种关爱叫倾听。

在我们的生活中，城市的喧嚣、工作上的压力，都会给我们带来这样或那样的问题，会使我们的心灵感到些许疲惫与苦闷。于是，我们总希望能找到一处静谧的空间，能找到一个关爱我们的知心爱人或好友，来一诉自己的烦恼。而他（她）也能始终微笑着，在认真地倾听着，让我们心底复杂成结的心绪慢慢释放，直至露出久违的笑容。即使在我们获得成功，有天大的喜事之时，我们也希望能有人一起分享这份巨大的喜悦，一起流出激动的泪水。

狄斯里有一句广为流传的名言：大自然赋予我们两只耳朵，却只有一张

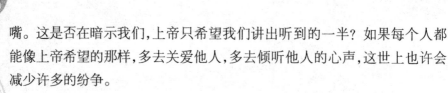

嘴。这是否在暗示我们，上帝只希望我们讲出听到的一半？如果每个人都能像上帝希望的那样，多去关爱他人，多去倾听他人的心声，这世上也许会减少许多的纷争。

事实上，并不是每个人都能做到这一点。更多的时候，是人人都在发表着自己的意见和见解。

人人都在以自我为中心喋喋不休，无暇顾及其他。因为缺少倾听的耐心，所以，人与人之间就多了隔阂少了沟通；所以，孤独、寂寞、失意与种种的怀才不遇才如感冒一样流行于大街小巷。

学会关爱他人，学会倾听吧！在每一个匆匆的日子里，让我们拿出一点时间，在彼此倾诉心地的同时，也彼此倾听着各自对生活的感悟。一起流泪，一起微笑，再一起迎接新的一天。

无人之时，在夜阑人静的午夜，你独坐在不眠的窗前，放飞所有的思绪，让整个身心都沉浸在无际的夜空里，那种对世界的拥抱和投奔，也是一种倾听。

学会关爱，学会倾听，还灵魂一片洁净的天空，让阳光、花朵成为心灵的友伴，让快乐和幸福回到我们的身边。

有时候，关爱是由倾听开始的，友谊也是如此，如果我们都乐意把耳朵借给别人，享受这种沟通的幸福，是一件多么快乐的事啊！

小猫长大了。有一天，猫妈妈把小猫叫来，说："你已经长大了，三天之后就不能再喝妈妈的奶，要自己去找东西吃。"小猫惶惑地问妈妈："妈妈，那我该吃什么东西呢？"猫妈妈说："你要吃什么食物，妈妈一时也说不清楚，就用我们祖先留下的方法吧！这几天夜里，你躲在人们的屋顶上、梁柱间、陶罐边，仔细地倾听人们的谈话，他们自然会教你的！"

第一天晚上，小猫躲在梁柱间，听到一个大人对孩子说："小宝，把鱼和牛奶放在冰箱量，小猫最爱吃鱼和牛奶了。"

第二天晚上，小猫躲在陶罐边，听见一个女人对男人说："老公，帮我的忙，把香肠和腊肉挂在梁上，小鸡关好，别让小猫偷吃了。"

第三天晚上，小猫躲在屋顶上，从窗户看到一个妇人叨念着自己的孩子："奶酪、肉松、鱼干吃剩了，也不会收好，小猫的鼻子很灵，明天你就没得吃了。"

就这样，小猫每天都很开心，它回家告诉猫妈妈："妈妈，果然像您说的那样，只要我仔细倾听，人们每天都会教我该吃什么？靠着倾听别人谈话，学习生活的技能，小猫终于成为一只身手敏捷、肌肉强健的大猫，它后来有了孩子，也是这样教导孩子的："仔细地倾听人们的谈话，他们自然会教你的。"

心灵悄悄话

XIN LING QIAO QIAO HUA

有时候，关爱是由倾听开始的，友谊也是如此，如果我们都乐意把耳朵借给别人，享受这种沟通的幸福，是一件多么快乐的事啊！

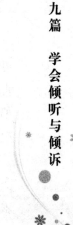

把心灵与心灵连接起来

曾经有一个奴隶，佛陀路过他的时候，他竟然对佛吐了一口口水。佛陀旁边的阿难就生气了：他怎么能这样无礼呢！于是阿难就对佛说："我要与那奴隶理论。"但佛说："其实，他做这个动作，我完全理解他的感受，他有很多感受想说却没法说出来，所以他只好向我吐口水。"佛的话传到吐口水的人那儿，他心里非常感动，心想世界上怎么会有这样的人呢？这种感动让一颗坚硬的心开始软了下来。于是，他开始对自己生活中的许多事情进行检视和忏悔。他一直流泪，彻夜未眠，因为佛陀的慈悲、宽恕和怜悯都使得他内心深受感动。当天一亮，这个人就跑到佛陀的面前跪下来忏悔地说："我真的非常对不起，对我昨天不礼貌的行为……"说完就叩头。然而佛陀却好像完全忘记了昨天的事，对他说："你在做什么？昨天被吐口水的人早就不在了，你在跟谁道歉呢？更重要的是，昨天吐口水的人也不在了，你在替谁道歉呢？"

佛陀对阿难说："知道我为什么理解他吗？因为我跟他有一样的感受，我对人类有无尽的爱，却无法用语言表达出来。"

即使佛陀那般伟大，还是会有人向他吐口水。伤害别人的人其实是最可怜的，因为他的灵魂是最需要救赎的。我们怎么看待曾经给我们造成伤害的人？我们会原谅他们吗？还是依旧生气、愤怒，对他们所做的任何事情都带有深深的愤恨？为什么我们会这么坚持自己的观点？它又是什么时候在我们的心上留下了这么深的烙印？

我们不愿意放过别人，其实只是不愿意放过自己，一遍遍地回忆只是一次次再伤害自己的心。为什么不愿意给自己的心留下一点空间，让更多快乐注入心田？如果我们明白了这个道理，学会包容，学会宽恕，学会整理自己的情绪，懂得面子、自尊心这层层叠叠的背后其实都有一个元气，那么我们是不是会更快乐？从我们出生那一刻开始，这个元气就已经产生。从哪一刻开始我们变得这么爱面子？从哪一刻开始我们的自尊心就这么强？“对不起”“没关系”这样的字眼与我们绝缘，因为我们从不对别人这么说。每当遇到不顺意的事情，我们就不断积压负面情绪，结果导致元气大伤。现在就让我们把自己好好整理一下吧，这样我们的生活才会比现在更快乐。

在以往的生活体验中，我们都有过这样的经历，很多事情选择独自承受，不愿意和父母分享。当我们有话不能讲、不愿讲时，距离就产生了，这是人为制造出来的距离。

沟通的意义在于对方的回应，不同的沟通方法将得到不同的解决。现代人工作压力大、竞争激烈、缺少有效的沟通，就造成了很多心理压力和心灵疾病，比如抑郁症、焦虑、强迫等。这些心灵的创伤很大一部分来自不能释放自己的情绪，当内心的情绪被锁定在生命中无法释放时，生命的动力、创造力、智慧、人际关系都被压抑在其中。

沟通是人与人之间互相理解、互相交往的一座桥梁，是到达彼此内心世界的一把钥匙。有了沟通，有了倾诉，再刚硬的人，他的内心也会被融化；有了沟通，有了倾诉，再冷漠的关系也会得到融合。

心灵悄悄话
XIN LING QIAO QIAO HUA

让我们更多地了解身边的人，让他们有更多的倾诉和释怀，让他们的心时刻柔软，那样我们身边的人才能在倾诉、诉述中得到解脱，我们才能与外边的世界有一个有效的心灵连接。

在沟通中传递真诚

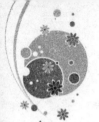

沟通是人类行为活动的基础。人类既然生活在社会群体当中,就必然需要通过沟通来处理在这个群体中的各种角色关系。中国古义的沟通意思是挖沟使两水相同,衍生现代汉语意思,就是为了一个设定的目标,把信息、思想、情感在个人和群体间的一个传递。

就如人类身体五官的特性一样,眼睛是用来看的,视觉的吸收,耳朵是用来听的,听觉的吸收,鼻子是用来嗅的,嗅觉的吸收,那么唯独有嘴巴,千万别告诉我说是用来吃饭的,我们的一张嘴,最大的功能就是说话,是沟通,有效的沟通,而我们往往却忽视这一点。当我们在工作、生活、学习当中遇到了这样或那样困惑的时候,当我们紧皱眉头、摇头叹息的时候,当我们为一件事情而指责漫骂的时候,是否有重视过沟通的问题,当我们坦然地说我已经沟通了但没有用,我们与其说有效沟通不在于交流沟通的内容,而在于交流共同的方式。让我们多来想想我们沟通不当的真正原因,是沟通没用,还是没有用心沟通。

当我们强烈地想要说话的时候,有没有先用自己的眼睛去好好地吸收过印象,当时的场合、气氛、对方的情绪,还有对方此时的内心状态,和理解对方所表述的信息呢?我想肯定忘记了,因为此时的我们只想迫切的发表自己的看法和言论。

在吸收了所以信息之后,我们要对所沟通的信息进行思想上的加工。加工沟通内容必须清晰且富有逻辑性。要在对方关注点所在的基础上,来加工自己的沟通内容。要确定自己当时的情绪是理智的,没有激动,没有紧张,更没有偏见,要客观的分析事实,最好是换位思考再充分理解对方的基础上来加工自己的沟通内容,然后将它清晰的表达出去。

表达的过程中,你必须自信,因为只有自信的话语才具有可信度,有自信的人通常就是最会沟通的人。在表述过程中,我们要加上适当的提示或是直接告诉对方，最好多用询问的辅助语言，因为沟通是两个人的事情，需要通过提问反馈到对方更多的信息，来调整沟通方式。总之，你的目的是对方理解并认可你的看法，而不仅仅是告知对方。表述过程也要清晰有逻辑性，不要过多重复，充分发挥身体功能，用眼睛注视地方，表示你很看重他，这样能使听者感到满意，也防止他走神，更重要的是能树立自己的可信度。最后用你的耳朵去倾听对方回馈的信息，用来理解对方并对沟通方式做出最佳调整。

最后就是沟通时候要用心。我们都知道，最好最有效的沟通就是心与心之间的交流。用你的真诚去打动对方，去感染对方，最终和你能够达成共同的协议。

飞机起飞前，一位乘客请求空姐给他倒一杯水吃药。空姐很有礼貌地说："先生，为了您的安全，请稍等片刻。等飞机进入平稳飞行后，我会立刻把水给您送过来。好吗？"

15 分钟后，飞机进入平稳飞行的状态。突然，乘客服务铃急促地响了起来，空姐猛然意识到：糟了，由于太忙，她忘记给那位乘客倒水了！当空姐来到客舱，看见按响服务铃的果然是刚才那位乘客。她小心翼翼地把水送到那位乘客跟前，面带微笑地说："先生，实在对不起，由于我的疏忽，延误了您吃药的时间，我感到非常抱歉。"这位乘客抬起左手，指着手表说道："怎么回事，有你这样服务的吗？"空姐手里端着水，心里感到很委屈，但是，无论她怎么解释，这位挑剔的乘客都不肯原谅她的疏忽。

接下来的飞行途中，为了补偿自己的过失，每次去客舱给乘客服务时，空姐都会特意走到那位乘客面前，面带微笑地询问他是否需要水，或者别的什么帮助。然而，那位乘客余怒未消，摆出一副不合作的样子，并不理会空姐。

临到目的地前，那位乘客要求空姐把留言本给他送过去，很显然，他要投诉这名空姐。此时空姐心里虽然很委屈，但是仍然不失职业道德，显得非常有礼貌，而且面带微笑地说道："先生，请允许我再次向您表示真诚的歉意，无论你提出什么意见，我都将欣然接受您的批评！"那位乘客脸色一紧，嘴巴准备说什么，可是却没有开口，他接过留言本，开始在本子上写了起来。

等到飞机安全降落，所有的乘客陆续离开后，空姐以为这下完了，没想到，等她打开留言本，却惊奇地发现，那位乘客在本子上写下的并不是投诉信，相反，这是一封热情洋溢的表扬信。

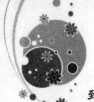

是什么使得这位挑剔的乘客最终放弃了投诉呢？在信中，空姐读到这样一句话："在整个过程中，您表现出的真诚的歉意，特别是你的十二次微笑，深深打动了我，使我最终决定将投诉信写成表扬信！你的服务质量很高，下次如果有机会，我还将乘坐你们的这趟航班！"

心灵悄悄话

XIN LING QIAO QIAO HUA

最好最有效的沟通就是心与心之间的交流。用你的真诚去打动对方，去感染对方，最终和你能够达成共同的协议。

第十篇 打开心灵之门

不管你多么的伟大，你都需要从爱自己开始。我们要接纳自己身上的一切：愚蠢的、可笑的、荒谬的等等，不管好与坏，我们都要坦然面对。爱自己并不是一天两天的事。当你真正的爱自己的时候，你便拥有资格爱别人了。这时学会爱自己的你去爱别人不会像以前那样逼迫别人，做一些其实他不想做或不喜欢的事情。

其实，那些被你爱的人，和你一样，渴望爱。你爱自己了，才会真正的去爱别人。如果连自己都不爱，怎么能去爱别人呢？

大声说出爱自己

人生在世,往往都是在坎坷中求生存的。正确认识自己,把宁静作为自己的一种常态,在生活中默默地做自己喜欢并感兴趣做的事情,让自己感到生活的充实,在工作中保证质量地完成自己的本职工作,不求有功,只求无过,淡泊名利,平衡得失。在生活中处变不惊的生活态度,是内在心态的修炼;是睿智超群的智者,在遇事时,给人以从容老练、优雅自如的感觉。也是人的修养所在,是人生态度的最高境界,大多是很难达到的,即使有,也大多是表面的,内心修炼到如此,功力是很不易的。

生活有太多的挑战,生活需要面对太多的精彩和坎坷;生活只是一部戏,充满着曲折离奇的人生哲理;生活要我们去完美的规划路途,既要有平淡,又要有离奇。所以我们要坦然面对,不管遇到多大的灾难都能微笑度过,不必为失去的而悲伤,要为得到的而高兴。

做人只要问心无愧就行了,自古邪不胜正,好人终究有好报的！要懂得调理自己的心态,因为一个好心态的人是最让人尊敬的！反之,我们又能得到自己想要的什么呢?

爱自己的一切,很奇妙。我们发出对自己爱的电波能让我们更加去爱我们爱的人。无条件的爱自己,我们来到这个世界的目的就是为了能感受快乐,能感受到活着的美好。如果你连自己都不爱,你还有什么资格去谈活着的美好与意义呢?如果你不能接近你身边的人,说明你不爱自己,正是因为你不爱自己,你没有了亲和力,甚至你都不知道如何接近自己。我们人生要做的重要事之一就是——学会爱自己,学会照顾自己,学会善待自己。所有人的灵魂都需要爱,无一例外。无论你是一个多么自信,多么优秀,多么有风度的男人(孩)或女人(孩),那个需要关怀、温柔、温暖和赞赏都在你的身上。

不管你多么的伟大,你都需要从爱自己开始。现在,我们要开始接纳自己身上的一切，愚蠢的、可笑的、荒谬的等等，不管好与坏，我们都要坦然面对，去改正它。而不是一味地去伤害自己。爱自己不一定是保护自己，还可以是满足自己的要求，你最想听到的鼓励是什么？如果父母没有说，没关系，请每天对着镜子说你希望父母对你说的话，坚持一个月，看看会有什么变化？爱自己并不是一天两天的事，你可以贴一张大大的白纸在明显的地方，每天拿支笔在上面写上日期以及你爱自己的事情与心情。

当你真正地爱自己的时候，你就拥有资格爱别人了。这时学会爱自己的你去爱别人不会像以前那样逼迫别人，做一些他不想做或不喜欢的事情。其实，那些被你爱的人，和你一样，渴望爱。你爱自己了，才会真正地去爱别人。如果连一个自己都不爱的，怎么能去爱别人呢？所以，爱别人是建立在爱自己的基础上的。

诺贝尔和平奖获得者、南非黑人领袖曼德拉是国际政坛的一位风云人物。他曾被捕，在监狱里度过长达27年之久的日子。出狱后，他在竞选中获胜，成为南非首位黑人总统。在他的就职典礼上，美国特使团成员、当时的第一夫人希拉里问他，如何在激流险壑、风云变幻的政治斗争中保持一颗博大、宽容的心？

曼德拉意味深长地说："当我走出囚室、迈向通往自由的监狱大门时，我已经清楚，自己若不能把悲痛与怨恨留在身后，那么我其实仍在狱中。"

他还说，感恩和宽容常常源自痛苦和磨难。

心灵悄悄话

XIN LING QIAO QIAO HUA

生活要我们去完美的规划路途，既要有平淡，又要有离奇。所以我们要坦然面对，不管遇到多大的灾难都能微笑度过，不必为失去的而悲伤，要为得到的而高兴。

仰望天空的时候也看看脚下

一个女孩，高中毕业后，只身一人来到北京闯荡。18 岁的她，没有像样的文凭，自然在北京也就找不到什么好的工作。好不容易托老乡找到了一家小店，在那里做打字员，一个月 400 元，包吃包住的地方离得不算太远，骑自行车 40 分钟的样子，是和几个老乡一起住在一间地下室，一张床铺一晚 8 元。

除了打字外，她几乎没什么别的事做。她从家里带来的书还是高中念的英语书。没事就拿出来翻。书的边上都起卷了。她闭着眼睛从书的最后都能背到最前一页。就这样，她攒了一年的钱，终于够上个英文班。同屋的老乡笑话她："你这么学根本是没有用的。有多少人是科班出身？公司里的人又不是傻子，放着科班出身的毕业生不要，要你？"她什么也不说，只是笑笑。

她一边打工，一边上学。六年中，工作换了很多个，待遇越来越高了，开始 400 元，接着是 600 元，不久 800 元，跟着 1200 元，然后升到 1500 元，她的英文也由一级提高到二级、继而三级，最后是四级和六级的证书也拿到了手，并且已经能和老外交流了。最近，她又换了工作，在一家外企，月薪 6000 元。她搬出了从前住的那个地方，与另一个女孩合租了一套两室一厅的房子。不久，她认识了一个和她公司有着业务来往的部门主管，小伙子也是外地人，毕业后独自留在北京打工。

后来，他们结婚了，并买了自己的房子。

她那天上街碰到了曾经和她一起住在地下室的老乡———老乡还是住在那里，老乡说一切都没有什么变化，只不过是自己周围床铺的人每年都不同了。

我们每一个人一开始都是正正方方的一个方块，最后都被社会这个模子给削去了棱角，最后变成了圆，但是这是社会的选择：当你想放弃的时候，想想你坚持到这里，坚持很难，放弃却仅仅只需要一瞬间；生活就是这样，就像一杯茶，苦是暂时的，会苦上一阵子，但是请相信不会苦上一辈子。

你要相信温暖，美好，信任，尊严，坚信这些老掉牙的字眼。不要颓废，空虚，迷茫，糟践自己，伤害别人。不要认同那些伪装的酷和另类。他们是无事可做的人找出来放任自己无事可做的借口。真正的酷是在内心。你要有强大的内心。要有任凭时间流逝，不会磨折和屈服的信念。

要好好去爱，去生活。青春如此短暂，不要叹老。要时不时问问自己：自己在干吗？

照镜子的时候，一定要微笑，跟自己说：我可以，我能行！要运动，要健康，不懒惰，不吸烟。不要晚睡晚起。爱物质，适当地。永远知道精神更重要。比那些名表，名牌，时装，更加美丽的是你自己。

被朋友伤害了的时候，别怀疑友情，但要提防背叛你的人。原谅，但并不遗忘。做人存几分天真童心，对朋友保持一些侠义之情。

无论什么时候都不要作践自己，就算再伤心，再无助，再孤独，要学会爱自己！不会爱自己怎么可能去会爱别人！当你自己学会爱自己的时候，你才有资格可以去爱他人。一个真正爱自己的人，就会爱他人，因为爱他人才能爱自己；当有一天你需要知道谁是最优秀的，你不要告诉别人你是最优秀的，你要告诉每一个人他们是优秀的，你才能听到你是优秀的；当你需要被人帮助的时候，应该学会去帮助人，当你需要被帮助时才会看到有人来帮助你。你爱的不仅是你自己，也是对父母朋友们的爱，不让他们伤心就是最大的爱！你能快乐幸福的就是他们的最大的欣慰、最大的祝愿！

心灵悄悄话

XIN LING QIAO QIAO HUA

给自己一个远大的前程和目标。记得常常仰望天空。记住仰望天空的时候也看看脚下。

幸福的滋味

上帝派天使甲和天使乙巡游人间。两位天使细心地观察着人间的一切。

一个衣衫褴褛的乞丐看到一个小男孩左手拿着面包,右手拿着牛奶,吃一口面包,喝一口牛奶。乞丐摸了摸“叽里咕噜”乱叫的肚皮,咽下一团又一团口水,羡慕地自言自语:“唉,能吃饱饭,真幸福呀。”

这个小男孩看到一个小女孩坐在爸爸的摩托车后座上来到了肯德基专营店,买了一个大号的外带全家桶,津津有味地啃着汉堡,吸着可乐。小男孩看了看自己手中的面包和牛奶,羡慕地自言自语:“唉,能吃这么多的美味,真幸福呀。”

小女孩坐在爸爸的摩托车后座上,看到一辆漂亮的黑色小轿车从身旁快速驶过,绝尘而去。小女孩低头看了一下“突突”作响的摩托车,羡慕地自言自语:“唉,开这么漂亮这么快的车子,真幸福呀。”

小轿车里是一个逃犯,他正在逃避警察的追捕,可他终究还是没能逃脱警方的围追堵截,在出城之前被逮捕归案,戴上了冰凉的手铐,坐着警灯呼啸的警车回到城里。

他透过车窗看到一个乞丐在路上漫无目的地走着,他羡慕地自言自语:“唉,可以自由自在不受任何束缚,真幸福呀。”

两位天使耳闻目睹了这其中发生的一切,但他们都很困惑:为什么同样是“幸福”,每个人会有不同的看法呢?

回去后,他们向上帝汇报了在人间所见所闻的一切,并述说了心中的困惑。上帝微笑着说:“其实在每个人降生到人间的时候,我就赐予他们每人一把幸福的钥匙。之所以有人感到不幸福,是因为他用自己的钥匙去开启别人的幸福之门,给自己徒添烦恼。人类不愿满足的天性令他们总是觉得别人比自己幸福。

"对于食不果腹的乞丐来说,能吃饱饭就是幸福;而对于失去人身自由的人来说,自由自在无拘无束便是幸福……用自己的钥匙去开启属于自己的幸福大门,这样才能体会到幸福的真正内涵。"

为什么有人本来生活在幸福中,却总是让心灵在痛苦中煎熬?这是因为,许多人往往习惯了首先盯住生活中的"黑点":一个困难,一次挫折,一回失败,一点缺憾,甚至一点小小的不如意,而看不到自身的价值和已经获得的成功,看不到自己本已拥有的幸福生活。正如叔本华所说:"我们对自己已经拥有的东西很难得去想它,但对所缺乏的东西却总是念念不忘。"

如果我们的眼光总是集中在困难、挫折、烦恼和痛苦上,那么,我们的心灵就会被一种渗透性的消极因素所左右,就会把"黑点"看成大片阴影,甚至是天昏地暗。

其实,这种倒霉透顶的感觉并不真实,而是一种含有严重夸大和歪曲的消极意识和心理错觉。这种习以为常却又十分荒谬的心理倾向,也许正是我们心灵在地狱中煎熬,我们的人生走向最终失败的心理渊源。

为什么有人似乎生活已经山穷水尽,却能让自己走向柳暗花明?这是因为,有的人善于看到生活中的"亮点":善于在黑暗中看到光明,在哪怕似乎无望的生活中,也总能看到希望的阳光。心怀希望的阳光,就会给我们的人生注入强大而神奇的精神力量,就会让我们积极地面对生活的困境,把困境带来的压力升华为一种力量,引向对己、对人、对社会都有利的方向,在获得人生成功的同时,获得积极的心理平衡,收获了心灵的幸福。

一杯淡酒、一壶清茶可以品出幸福的滋味;一片绿叶、一首音乐可以带来幸福的气息;一本书籍、一张照片可以领略幸福的风景。幸福不仅在于物质的丰裕,幸福更在于精神的追求与心灵的充实。幸福是为了心中的目标而努力拼搏的过程。

清晨,一睁开眼看到家人在忙碌是一种幸福;夜晚,回家看到家人的等候是一种幸福;在你起床时能喝上一杯热茶是幸福的;生日时朋友送你礼物是一种幸福;酷热的夏天喝上一杯凉开水也是一种幸福。其实,幸福无处不在,无时不有。幸福就在你身边。

坐在电脑旁,轻轻地敲击键盘,和朋友述说情感也是一种幸福;想起曾经在万籁寂静的夜晚和心爱的人相视而坐,喝着咖啡欣赏着萨克斯演奏的音乐是一种幸福;外出归来,有惦念自己家人在灯下等你归来是一种幸福;空闲时和亲密的朋友,背上行囊踏着青山绿水融入山水间,放飞着心情,陶醉着灵魂是一种幸福;幸福是夜晚的一杯香茗、一首轻歌恋曲……

只要你感受着,幸福在你左右,幸福不会走远。它就在我们触手可及的地方。工作能使人幸福快乐,对一个喜欢自己工作并认为它很有价值的人来讲,工作便成为生活中的一个十分愉快的部分。工作如果是快乐的,那么生活就是幸福的。

心灵悄悄话

XIN LING QIAO QIAO HUA

幸福是一种心情,是懂得珍惜的一种内心的知足、是一种随遇而安的一颗感恩的心。幸福是早春里的一缕阳光、盛夏里的一泓清泉、初秋里的一习凉风、严冬里的一堆篝火。

给心灵留点空间

一个雕塑工匠正在雕刻佛像，引来很多人围观，发现他雕刻的佛像几乎都是大鼻子小眼睛。围观者不解，就问他："你为什么把佛像都雕成大鼻子小眼睛？"刻像人笑曰："鼻子大了可以改小，眼睛小了可以改大，如果眼睛大了改小，鼻子小了改大，则非常困难，几乎是不可能的了。"

很多时候，我们需要给自己的生命留下一点空隙，就像两车之间的安全距离——一点缓冲的余地，可以随时调整自己。生活的空间，需借清理挪减而留出；心灵的空间，则经思考开悟而扩展。

打牌时，我们手中的牌不论好坏，都要把它打到淋漓尽致；人生亦然。重要的不是发生了什么事，而是我们处理它的方法和态度。假如我们转身面向阳光，就不可能陷身在阴影里。拿花送给别人时，首先闻到花香的是我们自己；抓起泥巴想抛向别人时，首先弄脏的也是我们自己的手。因此，要时时心存好意，脚走好路，身行好事。

光明使我们看见许多东西，也使我们看不见许多东西。假如没有黑夜，我们便看不到闪亮的星辰。因此，即使我们曾经一度难以承受的痛苦磨难，也不会完全没有价值，它可使我们的意志更坚定，思想、人格更成熟。

不要在人我是非中彼此摩擦。有些话语称起来不重，但稍有不慎，便会重重地压到别人心上；当然，也要训练自己，不要轻易被别人的话扎伤。不能决定生命的长度，但你可以扩展它的宽度；不能改变天生的容貌，但你可以时时展现笑容；不能企望控制他人，但你可以好好把握自己；不能全然预知明天，但你可以充分利用今天；不能要求事事顺利，但你可以做到事事尽心。

一个人的快乐，不是因为他拥有的多，而是因为他计较的少。多是负担，是另一种失去；少非不足，是另一种有余；舍弃也不一定是失去，而是另一种更宽阔的拥有。

美好的生活应该是时时拥有一颗轻松自在的心，不管外界如何变化，自己都能有一方清静的天地。清静不在热闹繁杂中，更不在一颗所求太多的心中，放下挂碍，开阔心胸，心里自然清静无忧。

一位后生到寺中向方丈求教，谈起世态炎凉，他颇有感慨："大师，人与人之间的关系太复杂了，不是尔虞我诈，就是虚伪一对，实在是没意思。请问这是为什么？我该如何对待呢？"

此时恰闻树上有鸟儿啼鸣。接着，有零星的鸟粪落下，差点儿沾到后生的身上。后生举手指着鸟儿怒叱："该死的东西，没长眼睛！"

"善哉善哉！"方丈言道，"施主，看看你伸出的手——道理就在其中。"

后生看看自己伸出的手——食指指向树上的鸟儿，大拇指指向天空，中指、无名指、小指很自然的指向自己。

看着后生纳闷的样子，大师解释道："你瞧，你指责鸟儿的手形，意味着指责别人的手指是一个，而指责自己的手指是三个，也就是说假如要指责别人，那么自己首先要承担三倍的指责。严以律己、宽以待人，人情世故就不再是你看到的这个样子。至于那个指向天空的大拇指，则意味着还有一些事情谁也没想到的，而且也说不清楚，于是只好由上天来裁决了。"

方丈望着树上啼鸣的鸟儿，接着说："鸟儿是无辜的，因为树木本来就是飞禽栖息之处，有鸟粪落下来是很自然的事。怪只怪我们站错了地方。世间万物没有绝对的对与错、是与非，所有也没必要凡事都分个高低、争个胜负，退一步则海阔天空。"

心灵悄悄话
XIN LING QIAO QIAO HUA

喜悦能让心灵保持明亮，并且拥有一种永恒的宁静。心念意境如能清明开朗，则展现于周遭的环境大都是美好而善良的。

让阳光照进心灵

阳光是活力的象征。说一个人充满了活力就等于说他是一个阳光男孩。然而,活力的源泉正是来自阳光的。生活是那么的多姿多彩,当然也需要活力的个性特点与之相配,才能更好地展现青春的激情,放飞青春的梦想。让多一点的阳光照射自己,走进心灵,温暖心窝。

生命并不像想象中的那么美好和富有活力。人生之路是那么的举步维艰,跌宕起伏。在暴风雨的摧残下,难免会有些畏惧,原来敞开的心灵也渐渐地闭合起来,心窝随之也就失去了阳光的照耀;没有阳光的滋养,一颗冰冷、阴暗的心,只会慢慢地枯萎,死去,人心中的激情之火将会熄灭。失去了生命的激情,失去了青春的活力,失去了一颗斗志昂扬的心,取而代之的确是更多的沉默、孤寂、悲哀。一颗胆小畏惧的心是无法成就大事的,它能让人失去信心,失去成功,失去人生中不可或缺的挑战,最终连自己也会失去,陷入迷茫。这时候的你,已经失去了生的意义,一颗黑暗、阴冷的心是无法帮助你走出困境的。

而在这时,你真正需要的只是一颗温暖、充满爱与活力的心。来吧！敞开心胸,让多一点的阳光,摄入你的心灵,带给你青春的斗志,去面对风雨的冲刷与洗礼,洗去你身上的灰尘,去除内心的阴暗。让阳光走进心灵,熔化你心中那道冰冷的枷锁,使精神得以解脱,向生活展现自己个性化的光彩与活力。

有了太阳光的滋养,带给自己拼搏向上的精神,在困境中一次又一次获得成功,恢复自信,见到雨过天晴后的彩虹。让我们找一个安静的地方,面向太阳,用心去领悟人生,让阳光走进心灵,让生命充满活力,给人生注入永无休止的力量,焕发出多姿多彩的精神面貌。

一个平凡的上班族麦克·英泰尔,三十七岁那年做了一个疯狂的决定:

放弃他薪水优渥的记者工作,把身上仅有的三块多美元捐给街角的流浪汉,只带了干净的内衣裤,由阳光明媚的加州,靠搭便车与陌生人的仁慈,横越美国。

他的目的地是美国东岸北卡罗来纳州的恐怖角。

这只是他精神快崩溃时做的一个仓促决定。某个午后他忽然哭了,因为他问了自己一个问题:如果有人通知我今天死期到了,我会后悔吗?答案竟是那么的肯定。虽然他有好工作、亲友和快乐,但他发现自己这辈子从来没有下过什么赌注,平顺的人生从没有高峰或低谷。

他为了自己懦弱的上半生而哭。

一念之间,他选择了北卡罗来纳的恐怖角作为最终目的,借以象征他征服生命中所有恐惧的决心。

他检讨自己,很诚实地为自己的恐惧开出一张清单:打从小时候他就怕保姆、怕邮递员、怕鸟、怕猫、怕蛇、怕蝙蝠、怕黑暗、怕大海、怕飞虫、怕城市、怕荒野、怕热闹又怕孤独、怕失败又怕成功、怕精神崩溃……他无所不怕,却似乎"英勇"地当了记者。

这个懦弱的三十七岁的男人上路前竟还接到老奶奶的纸条:"你一定会在路上被人强暴。"但他成功了,四千多英里路,七十八顿餐,仰赖八十二个陌生人的仁慈。

没有接受过任何金钱的馈赠,在雷雨交加中睡在潮湿的睡袋里,也有几个像公路分尸案杀手或抢匪的家伙使他心惊胆战;在游民之家靠打工换取住宿,住过几个破碎家庭,碰到不少患有精神疾病的好心人,他终于来到恐怖角,接到女友寄给他的提款卡(他看见那个包裹时恨不得跳上柜台拥抱邮局职员)。他不是为了证明金钱无用,只是用这种正常人会觉得无聊的艰辛旅程来使自己面对所有恐惧。

恐怖角到了,但恐怖角并不恐怖。原来"恐怖角"这个名称,是由一位16世纪的探险家取的,本来叫"CaPeFaire",被讹写为"CapeFear"。只是一个失误。

麦克·英泰尔终于明白:"这名字的不当,就像我自己的恐惧一样。我现在明白自己一直害怕做错事,我最大的耻辱不是恐惧死亡,而是恐惧生命。"

花了六个星期的时间,到了一个和自己想象无关的地方,他得到了什么？

得到的不是目的，而是过程。虽然苦，虽然绝不会想要再来一次，但在回忆中是甜美的信心之旅，仿佛如人生。

也许我们会发现，努力了半天到达的目的地，只是一个“失误”。

但只要那是我们自己愿意走的路，就不算白走。

心灵悄悄话

XIN LING QIAO QIAO HUA

让多一点的阳光，摄入你的心灵，带给你青春的斗志，去面对风雨的冲刷与洗礼，洗去你身上的灰尘，去除内心的阴暗。

第十一篇 为自己创造奇迹

一个人的成就，绝不会超出他自信所能达到的高度。如果拿破仑在率领军队越过阿尔卑斯山的时候，只是坐着说："这件事太困难了。"无疑的，拿破仑的军队永远不会越过那座高山。所以，无论做什么事，坚定不移的自信力，都是达到成功所必需的和最重要的因素。

坚强的自信心，便是伟大成功的源泉。不论才干大小、天资高低，成功都取决于坚定的自信心。相信能做成的事，一定能够成功。反之，不相信能做成的事，那就绝不会成功。

信心可以创造奇迹

一个人的成就，绝不会超出他自信所能达到的高度。

据说拿破仑亲率军队作战时，同样一支军队的战斗力，便会增强一倍。原来，军队的战斗力在很大程度上基于兵士们对于统帅的敬仰和信心。如果统帅抱着怀疑、犹豫的态度，全军便会混乱。拿破仑的自信与坚强，使他统率的每个士兵增加了战斗力。

如果有坚强的自信，往往能使平凡的男男女女，做出惊人的事业来。胆怯和意志不坚定的人即便有出众的才干、优良的天赋，也终难成就伟大的事业。

坚强的自信，是伟大成功的源泉。不论才干大小、天资高低，成功都取决于坚定的自信力。相信能做成的事，一定能够成功。反之，不相信能做成的事，那就绝不会成功。

世界上到处都有像这个法国士兵一样的人！他们以为自己的地位太低微，别人所享有的种种幸福，是不属于他们的，以为他们是不配享有的，以为他们是不能与那些伟大人物相提并论的。这种自轻自贱的观念，往往成为不求上进、自甘堕落的主要原因。

有的人最初对自己有一个恰当的估计，自信能够处处胜利，但是一经挫折，他们就半途而废，这是因为自信心不坚定的缘故。所以，光有自信心还不够，更须使自信心变得坚定，那么，即使遇着挫折，也能不屈不挠向前进，绝不会因为一遇困难就退缩。

如果我们去分析研究那些成就伟大事业的卓越人物的人格特质，那么就可以看出一个特点：这些卓越人物在开始做事之前，总是具有充分信任自己能力的坚强自信心，深信所从事之事业必能成功。这样，在做事时他们就能付出全部的精力，破除一切艰难险阻，直到胜利。

造物主给予我们巨大的力量，鼓励我们去从事伟大的事业。而这种力量潜伏在我们的身体里，使每个人都具有雄图伟略。如果不尽到对自己人生的职责，在最有力量、最可能成功的时候不把自己的本领尽量施展出来，那么对于世界也是一种损失。世界上的新事物层出不穷，正待我们去创造。

两个不如意的年轻人，一起去拜望师父："师父，我们在办公室里被欺负，太痛苦了，求你开示，我们是不是该辞掉工作？"

师父闭着眼睛，隔了半天，吐出五个字："不过一碗饭。"就挥挥手，示意年轻人退下。

刚回到公司，一个人就递上辞呈，回家种田，另一个没动。

日子过得真快，转眼十年过去了。回家种田的以现代方法经营，加上品种改良，居然成了农业专家。另一个留在公司的，也不差。他忍着气，努力学，渐渐受到器重，成了经理。

有一天，两个人遇到了。农业专家说："奇怪，师父给我们同样'不过一碗饭'这五个字，我一听就懂了，不过一碗饭嘛，日子有什么难过？何必硬巴在公司？所以我辞职了。"他问另一个人："你当时为何没听师父的话呢？""我听了啊，"那经理笑道，"师父说'不过一碗饭'，多受气，多受累，我只要想：不过为了混碗饭吃，老板说什么是什么，少赌气，少计较，就成了。师父不是这个意思吗？"

两个人又去拜望师父，师父已经很老了，仍然闭着眼睛。隔了半天，答了五个字："不过一念间。"

当你决定放下，你不会失去任何东西，失去的只有烦恼。

心灵悄悄话
XIN LING QIAO QIAO HUA

与金钱、势力、出身、亲友相比，自信心是更有力量的东西，是人们从事任何事业最可靠的资本。自信心能排除各种障碍、克服种种困难，能使事业获得完满的成功。

人贵有自知之明

有句古语，叫作“画龙画虎难画骨，知人知面难知心”。人心难测。知人难，为人知更难。而要知己，则是难上加难。所以有“人贵在有自知之明”之说。

然而，一个人要想认识自己，确实是件难度极大的事情。一辈子不认识自己而做出了可悲之事的大有人在。在今天，还有一部分青年正是由于不认识自己，不充分理解今天这个社会中的情况，而受不得一点点挫折、打击，悲观、失望、苦恼、抱怨、彷徨，终日在唉声叹气、无所事事中把时光轻易地放走。

认识自己，是非常困难的。但对自己有一个正确的认识，是做人的一个最起码要求。

对于有些人来说，自己是什么样的人，只有自己不知道。由于难得有一个真实的参照系来评估自己，所以，我们往往很自信地干一些傻事。

请你先好好地认识自己吧！你也许可能解不出那样多的数学难题，或记不住如此多的外文单词，但你在处理事务方面却有着自己的专长，能知人善任、排难解忧，有高超的组织能力；也许你的理化差一些，但写小说、诗歌却是能手；也许你连一张椅子都画不好，但你却有一副动人的好嗓子；也许……所以做人，先认识自己，认识自己的长处，如果能扬长避短，认准目标，抓紧时间把一件工作或一门学问刻苦认真地做下去，自然会结出丰硕的成果。

认识你自己，就好像多了一双睿智的眼睛，时时给自己添一点远见、一点清醒、一点对现实更为透彻的体察与认知。由这份认知，可以少干很多日后追悔莫及的事情。

当我们迷惘的时候，我们首先做的不应当是讨论生活本身的公平与否，讨论自己的机遇好坏与否，我们这个时候最应当做的是研究自己，从而认识自己，真正了解自己的内心世界，了解自己的信念并且坚定自己的信念。

毫无疑问，研究自己的目的就是更清楚地认识自己，找到与自己的素质相对应的目标，凭着自己素质上的信号找到这一目标后，才能攻其一点，攻出成果，由此及彼，不断扩大。认识你自己，找到最适合你的位置，开发属于你的领域，这是走向成功的一条捷径。

专家研究显示，人的智商、天赋都是均衡的，或许你在某一方面有优势，但不一定在别的方面能够赢过人家。有优势的同时就会存在劣势。

其实，每个人都具有自己的某种优势，都有适合自己的工作、事业。同时，人不是完人，不可能在每个领域都十分突出，有时候甚至缺陷十分明显。不同的人，生理素质、心理特点、智能结构等必然千差万别。有的多条理，善于分析；有的多灵气，富有幻想；有的擅巧计，能于谋略；有的富形相，善于表演。只要比较准确或大致对应地找到自己的成功目标或方向，他的机遇就或早或晚、或近或远存在于这个方向的轨迹上。

有的人在未发现自己的才能时，往往不能把握自己的长处，学无成就，做无成果。这可能是因环境条件或形势的迫使而不能显示自己的才能，如同黑夜行路，坎坎坷坷。

客观地认识你自己，知道你自己的长处，找到自己的发展方向，走一条适合自己的路，这对于你的成功，有着事半功倍的效果。相反，如果你在一个你不擅长的方面辛苦拼搏，成效可能不会很大，甚至无功而返。

心灵悄悄话

XIN LING QIAO QIAO HUA

古人早就说过："与其临渊羡鱼，不如退而结网"。只有在你认识了自己之后，你才能自信起来，坚定起来，成为有韧性有战斗力的强者。

认识你自己，充实你自己，这样你就不会哀叹：世界之大，竟找不到自己的立足之点。

让人生变得靓丽

这是发生在非洲的一个真实的故事。6名矿工在很深的矿井下采煤。突然，矿井倒塌，出口被堵住，矿工们顿时与外界隔绝。这种事故在当地并不少见。凭借经验，他们意识到自己面临的最大问题是缺乏氧气，井下的空气最多还能让他们生存3个半小时。

6人当中只有一人有手表。于是大家商定，由戴表的人每半小时通报一次。当第一个半小时过去的时候，戴表的矿工轻描淡写地说："过了半小时了。"但是他的心里却是异常地紧张和焦虑，因为这是在向大家通报死亡线的临近。这时他突然灵机一动，决定不让大家死得那么痛苦。第二个半小时到了，他没有出声，又过了一刻钟，他打起精神说："一个小时了。"其实时间已经过了75分钟。又过了一个小时，戴表的矿工才第三次通报所谓的"半小时"。同伴们都以为时间只过了90分钟，只有他知道，135分钟已经过去了。

事故发生四个半小时后，救援人员终于进来了，令他们感到惊异的是，6人中竟有5人还活着，只有一个人窒息而死——他就是那个戴表的矿工。

这就是信念的力量。由于幸存者意识模糊，人们无法知道那位牺牲者是何时停止报时的，但他给了同伴求生的希望，自己却因为知道真相而没能坚持到底。

人的一生历经沉与浮，苦与乐，生与死，恰似天气的阴与晴，冷与暖，四季的春与夏，秋与冬，谁能主宰，谁又能违背？人因生命而存在，生命因信念而精彩。如果说生命是一座雄伟的城堡，那么信念就是那穹顶的梁柱；如果说生命是一株苍茂的大树，那么信念就是那深扎的树根；如果说生命是一只飞翔的海燕，那么信念就是那扇动的翅膀。

没有信念，生命的动力便荡然无存；纵观历史，楚大夫沉吟泽畔，九死不悔,因为他有信念,纵然遭诬蔑陷害,也不随波逐流;魏武帝扬鞭东指,壮心不已,因为他有信念,纵然马革裹尸,魂归狼烟,也毅然决然;陶渊明悠悠南山,饮酒采菊,因为他有信念,纵然躬耕陇亩,一生清贫,也怡然自乐……

在信念的支撑下,帝王将相成其盖世伟业,文人墨客成其千古文章。"人生自古谁无死,留取丹心照汗青"是文天祥的信念;"横眉冷对千夫指,俯首甘为孺子牛"是鲁迅的信念……历览前贤,信念的魅力竟如此博大,背负着五岳的沧桑与巍峨,他们用一种亘古不变的声音呼喊:所欲有甚于生者,故不为苟得也。古往今来,有多少贤人圣者用信念诠释着生命,演绎着生命,他们的生命因信念而永留人间。

人生一旦有了信念,生命就会变成一支神奇的五彩笔,从此人生就会注入亮丽的色彩。而每个人对信念的理解又不尽相同。天真无邪的孩子说:"我们的信念是把卖水果的老奶奶找错的零钱送回去";初涉人世的青年说:"我们的信念是面对高官厚禄毫不动,做一个清白的人";垂暮之年的老人说:"我们的信念是昔日的竞争对手落魄时尽力拉他一把的宽容。"

不管前面是一片艳阳天,抑或是荆棘遍布的沼泽地,抑或是尘雾缠绕的世俗观念……无论如何,我们都要坚定自己的信念,以勇者的气魄,让自己的生命因信念而精彩!

心灵悄悄话

XIN LING QIAO QIAO HUA

没有信念,生命的动力便荡然无存,人生一旦有了信念,生命就会变成一支神奇的五彩笔,从此人生就会注入亮丽的色彩。

从思想看人

美国皮套业的明星约翰·比奇安，曾经是一名警官，只是喜欢在业余时间做皮套。后来，他创办了全美最大的制造皮套和皮带厂家——比安奇国际公司，专供执法人员和军方使用。他也担任过亨廷顿控股公司的顾问和瑟法里公司的发言人。比安奇在这个行业有极大的吸引力，当他出现在皮套展览台时，展厅的人们排着长队，只为一睹他的风采，就像西部乡村歌星会见他的歌迷。他给别人讲过这样一个故事："信不信由你，三十八年前，我还年轻的时候，在咖啡厅干过活，我看见公司的老板进进出出，我观察他们时就问自己：什么使他们与众不同？他们在干些什么？我应当好好研究一下。我发现一件非常重要的事情——他们有一个重要的特点，就是充满信心。他们无所畏惧，他们是自信的。从那时起，我反复思考，后来发现，恐惧是许多问题的根源。你必须对自己有信心，如果你自己没有信心，任何人都无法相信你。"

莱尼特是一名普通的修理工。他的朋友们条件与他差不多，但薪水却都比他高，住在高级的住宅区。莱尼特觉得很困惑，究竟自己什么地方不如他们？在见过心理医生之后，他找到了症结所在。他发现自从他懂事以来，就极不自信、妄自菲薄、不思进取、得过且过，他总是认为自己无法成功，也从不认为可以改变这一点。于是，他痛下决心，再也不自我贬低，要信心十足。他辞掉了原来的工作，通过面试，进入一家知名的维修公司，两年之后，成为行业中的著名人士。

在上面的两个例子中，他们的成功都被他们掌握在自己的手中。一个人对自我的态度，既可以作为武器，摧毁自己，也能作为利器，开创一片无限快乐、坚定与平和的新天地。

心理学家马斯洛在《动机与个性》中提到"自我接受"这个概念。他说："新近心理学上的主要概念是：自发性、解除束缚、自然、自我接受、敏感和满足。"我们的心灵常常因为罪恶感，以及过去和现在所犯的种种过错而自惭形秽。我们渐渐缺乏了尊敬和喜爱自己的能力。为了学习喜欢自己，我们必须面对自己的缺点，容忍自己的缺点。这并不是不思进取、懒惰或是其他什么，这只表示我们必须认识到——没有人，包括我们自己，能够100%地优秀。要求别人完美是不公平的，要求自己完美更是荒唐。所以，千万别这么苛待自己。有时候，我们要试着练习自我放松，取笑自己的某些错误，要学习喜欢自己。

不喜欢自己的人，常表现为过度的自我挑剔。适度的自我批评是有益、健康的，有助于个人的发展；但超过了这个程度，就会影响我们的积极行为了。如果一个人过于自我挑剔，当他从事一件事时，他会觉得自己很笨拙、很胆怯，想到自己的种种缺点，便没有勇气继续下去。这样的话，他最大的敌人就是他自己了。《圣经》中，当耶稣遇到受折磨的人时，他不去查问为什么这些人会如此，也不会给予很多的同情，而是说："你的罪被赦免了，回家去吧，而且不要再犯罪了。"忘记过去的错，爱自己，你认为你是巨人的时候，你才会成为真正的巨人。

心灵悄悄话

XIN LING QIAO QIAO HUA

欧洲有一句名言："一个人的自我思想决定他的为人。"行为是思想绽放的花朵，人们外在的言行举止，无论是自然行为还是刻意行为，都是由内心隐藏的思想种子萌芽而来。

奇迹源自激情

玛丽·汉娜比是英格兰东南部赫特福德郡一个普通的家庭主妇。尽管已经年过半百,但她对生活始终充满梦想。她想也许有一天能够捡到一块金子或其他宝物,那样她就能改善自己的生活,甚至及早还上买房的贷款。

这样的梦想放在别人眼里就跟做梦一样,说不定还会遭到一致的嘲笑,可玛丽·汉娜比不这样认为,梦想可不是用来想的,而是用来实现的。她买了一个看起来相当简易的金属探测器,开始了她的寻宝之旅。每个周日,她都会带上她的"寻宝器",到荒地、沙滩上去寻觅,每次至少要走上6个小时,这一走就是7年。

"寻宝大妈"成了人们嘴里的谈资,因为从她开始寻宝,不能说一无所获,她的"寻宝器"倒是不止一次地响过,但除了几块马蹄铁,就是一枚锈迹斑斑的弹壳。玛丽·汉娜比并不在乎别人在笑什么,每次出发她都精神抖擞,被期望所激励,她并不缺少快乐。

这一天,她的"寻宝器"再次响了起来,在往下挖了仅仅10厘米之后,一个金光闪闪的金盒子就呈现了出来。据大英博物馆的专家鉴定,这个金盒子是一个有着500年历史的古董,价值超过25万英镑,折合人民币280万元。

当人们还沉浸在"寻宝大妈"的传奇故事中时,在并不遥远的苏格兰,另一个寻宝奇迹又上演了。

大卫·布思是苏格兰斯特灵郡一个野生动物园的狩猎监管员,他最近喜欢上了收藏古钱币。有一天上网时,无意中看到了一个"寻到宝藏并不是一种痴心妄想"的广告语。任何有些理性的人都会觉得这样的宣传近乎荒谬可笑,然而它就像一见钟情的爱情般击中了大卫·布思的心。他毫不犹豫地花240英镑从这家网站购买了一把金属探测器。

为了熟练掌握它的使用方法，大卫·布思先在自家的厨房小试身手，结果效果相当不错，他成功地找到了藏起来的刀子和叉子。他决定转入实战，利用自己掌握的历史知识将当地一片可能上演意外发现的田野锁定为寻宝地，然后驾驶自己刚刚贷款购买的福特福克斯轿车，踏上了第一次寻宝之旅。把车停好后，他拿出探测器，从车后一片平坦的区域开始走，仅仅走了七步远，探测器就响了起来。在挖到6至8英寸深处时，闪现了一道亮光。宝物一共是5件，3条完好如初的项链，2个项圈，都是金银铜合金。

经过苏格兰国家博物馆的鉴定，大卫·布思所发现的宝物可追溯到公元前300至100年前的铁器时代，被誉为苏格兰近百年来最重要的发现，意义非常重大。这几件首饰估价可达50－150万英镑，幸运的大卫·布思转瞬之间就成了一名百万富翁。不过他说，真正让他感到骄傲的是这一发现本身，他希望利用这笔钱还清购买福特福克斯欠下的贷款。

在已经很少有人相信奇迹的今天，依然在上演着寻宝奇迹，或许这才是令人感到惊奇之处。奇迹源自激情，无论是已经57岁的寻宝大妈玛丽·汉娜比，还是只有35岁的幸运小子大卫·布思，她(他)共同的特点就是对生活不麻木，相信梦想，并愿意为之付诸行动。琐碎的生活最容易使人陷入疲倦，时光不仅磨光了人们性格的棱角，也耗光了人们有限的激情。伏尔泰说："使人疲惫的不是远方的高山，而是鞋子里的一粒沙子。"对什么都不相信，对什么都无所谓，他们并不是失败于艰难与困境，而是失败于从未有过的开始。或许要让奇迹在我们身上上演，首先要从真诚地相信奇迹开始。

心灵悄悄话

XIN LING QIAO QIAO HUA

在我们的人生之中，左右一个人的命运的，往往并非惊天动地的大事情，有时候极小的事也会影响一个人的一生。一个观念的转变，一个信念的改变，都将可能让一个人的一生从此不同。

第十二篇 你的自尊很重要

一个人的一生可以没有荣誉和鲜花，但不能没有自尊。不管别人尊不尊重你，首先你自己一定要尊重自己。只有自尊的人，才懂得尊重别人，也才会受到别人的尊重。

懂得自尊的人，有着对自我的正确认识，能正确的看待自己的长处与短处，并且敢于承认自己的缺陷，毫无隐瞒，愿意为改善自己而努力，并且相信自己的努力能够有所作为。

在面对挑战时，自尊的人表现出来的是在理性控制下的一股捍卫自我的正气。

膨胀的虚荣心

在生活中常常会遇到这样两种人,'懂得自尊的'和炫耀'无知的虚荣的'。自尊是人类自身心理上的需要,是一种相信自身存在价值的能力。而虚荣,则是人类普遍具有的性格弱点。世界上任何事物,几乎都可以成为一个人虚荣的资本,如一个较好的容貌,一头漂亮的头发,一个有出息的子女,一个有钱的老子,一份潇洒的工作,一笔成功的交易……真是难以计数。但自尊与虚荣有着本质的区别,那就是自尊是建立在自信基础上的,而虚荣是建立在自卑和无知基础上的。

懂得自尊的人,有着对自我的正确认识,能正确地看待自己的长处与短处,并且敢于承认自己的缺陷,毫无隐瞒,愿意为改善自己而努力,并且相信自己的努力能够有所作为。在面对挑战时,自尊的人表现出的是在理性控制下的一股捍卫自我的正气。而虚荣的人,尽管从表现上看,有时候会发现与自尊似乎相差不远,但只要细细观察,就会发现其实质是很不相同的。虚荣的人,在捍卫自己时表现的是一种盲目性和不确定性,对自己的言行往往缺乏思考,生活中处处瞒天过海,遮遮掩掩,不能面对现实,心理压力过大,甚至会出现前后矛盾,所以纰漏也不难发现。

虚荣是人的一种本能的性格的弱点,而自尊则是一种能力。虚荣是人天生的,不需要怎么培养,是无知的表现,是对自己无信心的表现。而自尊作为一种能力,是需要培养才能形成的。虚荣对人的危害很大,他们不懂得正确的自我认识,甚至还会将明知是错误的说成是正确的、明知是假的说成是真的,不能摆正自己的位置,而目的仅仅是为了满足内心无法控制的虚荣。虚荣的人长此以往,必将损害一个人正常的社会交往,也会影响一个人成功的可能。虚荣的人,很多都是确实具有一定能力的人,但又缺乏对自己的正确认识。就理性来讲,对于虚荣的人,不应简单的嘲笑、打击或者压制,因为这样做反而有可能造成更大的反抗心理,导致其虚荣心的进一步膨胀,这是于人于己都不利的，而应该以有效的方法来诱导其本身的能力和优点，让其发挥真正的作用，从而使其自身能在亲身的实践当中真正地认识到自身的能力及能力的大小，再通过必要的沟通，帮助其实现对自我的正确认识和价值认同，走出无知的虚荣的怪圈，卫护高尚的自尊。

从前，有一只特别爱虚荣的猫。它在同伴面前吹嘘自己很了不起，它对自己的过失百般掩饰，千方百计地掩盖自己的错误。

有一次，它捕捉老鼠，却让老鼠跑掉了。它说："我看它也太瘦了吧，等养肥了我再捉。"

它到河边捕鱼，眼看着快要到手的鱼，却让它跑掉了，还让鱼打了一下，它装出笑容说："我不是想捉它——捉它还不容易？我只想利用它的尾巴洗洗脸。刚才到公园玩，弄得脸上脏兮兮的。"

又有一次，它掉进泥坑里，浑身糊满了泥污，看到同伴惊异的眼光，它解释道："身上跳蚤多，用这办法最灵验不过了！"

后来，它和同伴们在河边玩，不小心掉进了河里，同伴们打算救它，它说："你以为我有危险吗？不，我在练习游泳呢！"话音还没说完，它就沉没了。

"走吧"，同伴们说，"现在它大概又在表演潜水了。"

心灵悄悄话

XIN LING QIAO QIAO HUA

万事万物都有各自的能力，各有长短，天生我才，用不着自卑。如果是为了满足自己的虚荣心而不择手段的去欺骗，到头来只是满足了一时膨胀的虚荣心，得一时之得意，最终将会失去更多，为他人所看不起！

自爱与自尊

法国著名将军狄龙在他的回忆录中讲过这样一件事：一战期间的一次恶战，他带领第80步兵团进攻一个城堡，遭到了敌人顽强抵抗；步兵团被对方火力压住无法前行。狄龙情急之下大声对他的部下说："谁设法炸毁城堡，谁就能得到1000法郎。"他以为士兵们肯定会前仆后继，但是没有一位士兵冲向城堡。狄龙大声责骂部下懦弱，有辱法兰西国家的军威。

一位军士长听罢，大声对狄龙说："长官，要是你不提悬赏，全体士兵都会发起冲锋。"狄龙听罢，转发另一个命令："全体士兵，为了法兰西，前进！"结果整个步兵团从掩体里冲出来，最后，全团1194名士兵只有90名生还。

有时，尊严比生命更重要，但如果用钱去驱使他们，无疑是奇耻大辱。

自尊是中华民族的一种传统心理、传统观念，它的存在是无形的，因为它铭刻在了人们的灵魂深处，融化在了人们的血液之中；它的表现又是有形的，完全通过一个人的举止言谈，看到一个人是否有自尊。

衣着打扮虽然不能完全代表一个人的自尊，但是也可以透露出一个人的素质。更主要的自尊是与人为善的行为，如果一个人口吐脏话，那就是严重不自尊，因为尊重别人正是对自己的尊重。

自爱是表达人的一种最重要的基础美德。自爱是人爱自己的感情和意识，是指人在道德生活中对自己的存在、利益、权利、价值、人格的维护，是一种自豪感和荣誉感，它体现着一种自我维护、自我控制能力。自爱来自个体自身的道德生活的积极向上精神，它是推动人们有所作为、取得成就、创造价值的动力，也是推动人们自觉进行道德修养、实现人在道德上的自我完善的动力，对人的道德生活和社会生活来说发挥着主体的积极能动作用。

在日常生活中，男人更要自尊，女人更要自爱。男人的自尊表现在不要轻易向女人示爱；女人的自爱表现在不要轻易投入男人的怀抱。

虽然有“男人不坏,女人不爱”一说,但是我确信爱上坏男人的女人一定不是好女人。之所以有些男人和女人会受到多数异性的喜欢,除了男人的英俊和魁梧,女人的苗条和漂亮以外,更主要的原因就是男人有自尊,女人有自爱。因为心灵美才是真的美,身材或容貌随着年龄的增长会一天不如一天,而自尊和自爱随着年龄的增长应当一天胜过一天。

自尊与尊人、自爱与爱人是不矛盾的。自尊越强,就越愿意去尊重别人,宽待别人,怀着善意,公平地对待别人,因为我们不把别人当作一种威胁,自尊正是尊重别人的基础。高度自尊的人不会极力把自己凌驾于别人之上,不会通过与别人相比较来证明自己的价值。他们的乐趣在于自己就是自己,而不是比别人好。

自爱并不是自私。因为自爱出于人的天赋,并不是偶发的冲动。自私则是为了个人的利益,所以自私固然应该受到谴责,但所谴责的不是人自爱的本性,而是那超过限度的私欲。

心灵悄悄话
XIN LING QIAO QIAO HUA

要做到自尊自爱,才会得到他人的尊重和爱护;只有更好的尊重和爱护别人,才能更好地做到自尊自爱。

虚荣的尺度

虚荣心人皆有之。适度的虚荣心便是自尊心，这个层面上的虚荣心还是应该提倡的。

恰到好处的虚荣心就是自尊心最好的体现；无限放大或无限缩小的虚荣心百害而无一利。

无限放大的虚荣心是虚伪，虚伪的外表无论如何表现也无法掩盖自身的缺陷。假如你是一名跛子，再怎么表现也无法消除人们对你的固有印象，与其劳累自己，不如索性把自己还原成跛子，自然比什么都美，不是吗？

无限缩小的虚荣心则是无心，也就是我们常讲的不要脸和无赖，这种人虽然不计较别人说什么，同样也不计较自己做什么，稀里糊涂的一生不是更可怕吗？

放大或者缩小的虚荣心都是病态，也是大多数人的通病。这就是人类和动物的区别。因为人类有思想，而积极健康向上的思想又很难把握，所以，偏离正确轨道的思想便占据了大多数人的大脑，从而演变成为不健康的思想，最终演变成为虚荣。

虚荣心是由不健康的思想演变而来的，所以，才有中国传统文化中"人之初，性本善"之说，生命之初都是真诚的，纯净如水。

生活中，虚荣心处处可见。例如，相貌美丽的人往往比相貌丑陋的人更容易受到虚荣心的困惑；不成功的人往往比成功的人更爱慕虚荣。无论任何形式的虚荣心都会受到自身条件的约束。所以，虚荣心也是相对而言的。要想抛开虚荣心，做成强大的自己，首先就要适应来自外界的虚荣。批判继承，掌握好分寸，把虚荣做成自尊；把虚荣心做成自尊心。

虚荣心和虚荣心的人团结在一起，会把马说成骆驼：没有虚荣心和没有虚荣心的人团结在一起，会把马做成骆驼。

所以，在一定意义上讲，虚荣心就是自尊心，只是掌握的尺度不同而已。

在中国古代，有一个非常不走运的国王。他即位后不久，就被吴国打败。这个国王只能屈膝投降，被迫放弃所有的品德和骄傲；放弃所有的虚荣和自尊，甘愿以一国之尊侍奉吴国国王与鞍前马后；为了取得吴国国王的信任和青睐，投其所好，送美女西施予枕畔，珍宝予大臣。

命运对这个国王是不公平的！这样的一个国王，自然也就失去了自尊，更谈不上虚荣。而事实上，正是这种困境和磨砺，才激发了他的斗志。他并没有因为他人的嘲笑和羞辱而毁掉自己奋斗的勇气，相反，他把所有的自尊与虚荣统统掩藏起来，以强大的内心迎接山一般的压力，后来，他的努力终成正果。

他十年生聚，十年教训，转弱为强，打败了曾经不可一世的吴国；逼迫吴国的国王拔剑自刎。

这个不走运的国王就是"卧薪尝胆"刻苦图强的越王勾践；而那个曾经不可一世最终自酿苦果的国王便是吴王夫差。

想想看，如果越王勾践被虚荣心所困，他还能最终打败强大的敌人而成为一方霸主吗？如果是那样，历史也将重新改写。

大多数的虚荣心来自外部压力，然而，越虚荣外部压力就越大，这就跟人说谎一样，往往一个谎言说出去，为了证明此谎言的真实性，不得不用其他的谎言来掩盖，结果谎言越来越多，人也在不知不觉中变得不真实起来，最终是害了自己苦了别人。何苦呢？

同样是虚荣心，尺度适中，虚荣心便成为成功不可缺少的砝码，它会鞭策你成为一颗金子，镶嵌在富丽堂皇的大厅里；反之，超过尺度的虚荣不但毫无益处，还会成为自身发展的障碍，导致自己一事无成。差别真的很大。

其实，人的一生难免会遇见各种各样的不公平待遇；受到各种各样的冷嘲热讽。这是由人的本性决定的。我们生活在社会群体中，不可能事事都随心所愿。我们既然控制不了别人的思维，堵不住别人的嘴，我们就可以尝试着改变自己。如果自己强大起来，别人对你的看法自然会随之改变。

在美国某小学的一间教室里，有这样一位小学生，他相貌丑陋，满嘴龅牙；他胆小脆弱，性格怪僻。天生的缺憾让他回答老师的提问时，常常是浑身发抖，嘴唇也颤抖不止，回答问题也常常词不达意。

就是这样的一个小孩，他并没有被天生的缺憾击垮，相反，正是生活给予的缺憾增强了他对生命的热爱和奋斗的热忱。

谁也不会想到，当他成为一个国家的舵手并且带领这个国家走向强大时，年少的他曾有那样多的缺憾。

如果他当时被虚荣心所困，被自尊心压垮，美国的历史也就会遗憾地缺少浓重而豪迈的一笔了。

他就是美国众多总统中最得人心的一位总统——罗斯福。

谈到虚荣，谈到虚荣心，每个人的表现方法也各有不同。爱慕虚荣的人会以虚荣为借口，长期自怨自艾，与愤怒中无法自拔，终日颓废，最终蹉跎了岁月，一事无成。有的人则不然，他会很快从虚荣中觉醒，在沉思中奋进，化不满为动力，最终成为功成名就的拥有者。

我们无法改变社会，我们可以改变自己；我们没有能力阻止，我们可以尝试接受。

所以，抛开虚荣的束缚，做成强大的自己，这一点很重要。不要在乎别人说什么，要在乎自己想要什么；不要在乎别人异样的目光，要在乎自己为之奋斗的目标。

当你胸怀壮阔，又有什么困难可以击垮你呢？又有什么谣言可以蛊惑你呢？到那时，你就发现，虚荣心对你也就没有那么重要了。

心灵悄悄话

XIN LING QIAO QIAO HUA

生活中，不可能没有挫折坎坷，甚至有些不幸，学会掌控自己，摒弃虚荣，方能将失望演变成乐趣，将抑郁升华为欢乐。

做事先做人

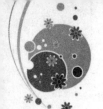

人来一世，无外乎两件事：一件是做人，一件是做事。做人固然没有一定的法则和标准，但它存在一定的通则，一定有它的技巧与规律。这里告诉大家一些道理。

一、做个有志向的人。

拿破仑曾经说过“不想当将军的士兵，不是好士兵”。这就告诉我们，做人应该有信仰，应该有信心。信仰是引导我们走向成功的航灯，自信是达到人生顶峰的动力。

美好的前途来自自强、自立、自信，不达目的不罢休，咬定青山不放松，打挎自己的往往不是别人而是自己，不要把一次的失败看成是人生的终审结果。

逃是懦弱的，避是消极的，退就显得更加无能。成功的道路得靠自己闯，做人有困惑，做事有困境，世上没有一帆风顺的事，只有坚强不倒的信心与毅力。男儿立世，自己拍板，不怕失败，不言放弃。

成功时，不要醉倒，失败时，不要灰心丧气，不要怨天尤人，面对“山重水复”之关卡，唯有勇往直前，持之以恒，用信心去克服一切困难。想成就一番事业，就要甘于干大事，揽难事，立志向，树目标，人生才有行走的方向。心在哪里，路就在哪里。

有了志向，才有做人的本事、气魄和胆略。所以，做人需要问问你的志向在哪里，要问问你有没有信心。

二、做个善良的人。

“人之初，性本善”。善良是人性光辉中最温暖、最美丽、最让人感动的一缕。人生不一定人人都很成功，不一定人人都能成为英雄豪杰，但一定要善良仁慈。

善良是和谐、美好之道，心中充满慈悲、善良，才能感动、温暖人间。没有善良，就不可能有内心的平和，就不可能有世界的祥和与美好。爱是基本的善良情感。遇到乞讨者，我们就施舍他点钱；遇到老弱病残、孕妇，我们就主动让座；遇到迷路的小孩，我们就把他送回家，为他指点方向。一个微笑，一个简单的动作，一句发自内心的问候，这对我们并不难做到，却可能因此帮助别人走出困境。

一切人，一切事物都是相连的，在施予他人的时候，你实在是利益自己，当伤害另一个生命时，实质是在伤害自己。所谓善良，无非就是拥有一颗大爱心、同情心，不害人、不坑人、不骗人。有了善良的品性，就有真心爱父母、爱他人、爱自然的基础和可能。一个善良的人，就像一盏明灯，既照亮了周遭的人，也温暖了自己，善良无须灌输和强迫，只会相互感染和传播。所以，做人不一定要顶天立地，轰轰烈烈，但一定要善良真诚。

三、做个有教养的人。

中国是一个非常讲究修身养性、崇尚道德的民族。五千年来，无论世事如何变化，勤俭、忠义、谦让、孝顺都是亘古不衰的美德，多少古圣先贤更是视为传家之宝。

小事业的成功靠机遇，中事业的成功靠能力，大事业的成功就完全靠品格、看操守。大凡成功的人，往往都是德行高尚的人。所谓教养，就是应该知深浅、明尊卑、懂高低，识轻重，就是讲规矩、守道义。有教养的人，往往不以术而以德，往往不以谋而以道，往往不以权而以礼。有教养的人在自己独处时，超脱自然，会管好自己的心，在与人相处的时候则为他人着想，与人为善，淡然从容，管好自己的口。方圆做人，圆通做事，宁静致远，自我反思，则事事放心、顺心。所以，做人得要问问自己有没有教养。

四、做个乐观的人。

人到世间，不是为苦恼而来的，所以不能天天板着面孔，整日忧愁、悲伤、苦恼、失意，这样的人生没有乐趣。世上没有绝对幸福的人，只有不肯快乐的心，这世界像一面镜子，你对它笑，它也对你笑；你对它哭，它也对你哭；你心平气和，它就还你一个心平气和；你气势汹汹，它也还你一个横眉冷对。乐听赞美，不喜批评，心沉溺于名利场，这种心态只会像锁链一样囚住自己。

只有超越它们，才可体验自在与快乐。拥有一颗快乐之心，见到的就是一个值得欢欣的世界；心中满是忧伤，见到的则只是一个充满悲哀的世界。与其对不能得到的耿耿于怀，倒不如对你已经拥有的满足感恩。快乐不在心外寻求，只能在心内寻得。心中若是满足快乐，哪怕身在牢狱茅厕，一样可以悠然自在。存好心，做好人，欢喜充心，愉悦映脸，乐观向上，这样就能站成一座丰碑，走出一道亮丽的风景。人生苦短，与其事事张弓拔弩，不如学着“幽它一默”。所以，做人得要经常问问自己：乐观了没有？

心灵悄悄话

XIN LING QIAO QIAO HUA

做事先做人，这是自古不变的道理。如何做人，不仅体现了一个人的智慧，也体现了一个人的修养。一个人不管多聪明，多能干，背景条件有多好，如果不懂得做人，人品很差，那么，他的事业将会大受影响。

子欲为事，先为人圣

我们从小到大，有关做人的道理耳熟能详。然而，品性优劣却人各有异，做事的结果也大相径庭。任何失败者都不是偶然的，同样，任何成功者的成功都有其必然性，其中最重要的一个因素就在于怎样做人。

只有先做人才能做大事，这是古训，先人早就强调了“做人为先”的重要性。我们的先人孔子，其思想可以说是中国几千年文化底蕴的沉淀，他告诉我们“子欲为事，先为人圣”“德才兼备，以德为首”“德若水之源，才若水之波”。可见，中华民族历来讲究做人的道理。

人不论地位尊卑、财富多寡、文化高低、体貌美丑、衣着丽陋、职务高低，人的自尊是神圣不可侵犯的，这是人的核心价值的体现。一个人应该拥有自己的自尊，应该用心去维护自己的自尊。

松——自尊，不失其青翠；竹——自尊，不失其节操；荷——自尊，才会出淤泥而不染；梅——自尊，才会孤芳凌霜众人赏。

自尊是一个人的脊梁。自尊是一种无畏的气概。自尊是一个人必须必备的操守。自尊给人的生命提供的不只是一种依托、一种凭借、一种支撑，还是生命永远的充实、永远的能量、永远的精神动力。

自尊是人的一种生存态度，它犹如一泓清纯的山泉，不管你什么时候碰到，自尊给你的印象总是那样洁净，透明，晶莹；自尊又有如一根钢筋，无论铆焊到何处，都是那么从容自若，铁骨铮铮。

人的自尊其实是一种内涵丰富的修养：自尊是从不趋炎附势、卑躬屈膝的；不会为尘嚣所乱心、不会为诱惑而动摇、不会为权贵折腰。

拥有自尊、时刻维护自尊的人认为：富贵不能淫，贫贱不能移，威武不能屈，是基本的人格；真诚正义，善解人意，助人为乐，是为人处世的前提；诚实守信，与人为善，是与人交往的准则；

规规矩矩办事，堂堂正正做人，是立身之基。我就是我！

大度，是一种优良的生命质地，它喜与宽容结伴，乐与安详为伍。一个人能以沉静的心境，面对宿敌有“相逢一笑泯恩仇”的气度，遭遇对手有“得饶人处且饶人的”襟怀，也许这还不是大度的全部内涵，但应是对大度的高度概括。人生之旅，征途迢迢，这里帮人一把，那里放人一马，这便是拥有大度者的人格风范。

心灵悄悄话
XIN LING QIAO QIAO HUA

生活是一门自修课，谁还能比自己更懂自己呢？自己今天的生活成果，是来自于自己过去对生活的态度和抉择，而明天的生活成果，就是自己今天对生活的态度和抉择的结果。如果没有以一个追求卓越表现的态度来经营我们的人生，我们终将无所事事撒手而去。